U0159525

循地之道 成人之美

趙鵬君雅存

己亥芒種 孟兆楨

循地之道 成人之美

风景园林规划设计知行录

The Cognition and Practice on Planning and Design of Landscape Architecture

赵鹏 著

中国建筑工业出版社

Preface

过去的四十年，伴随着改革开放，风景园林遇到了前所未有的发展机遇。尤其是生态文明思想和美丽中国目标的提出，一方面对风景园林专业提出了更高的要求，另一方面也为风景园林专业提供了更多的发展机会。这四十年的专业发展，既需要实践总结，也需要理论总结。“百花齐放春满园”，风景园林的实践和理论本身也应该是一个“百花园”。

风景园林需要理论，而且需要创新的理论。但创新的理论也应该围绕风景园林的核心使命，从鲜活的实践中产生、从人民的真实需求中产生。风景园林的创新思考应该首先是回答人民需求的诚恳思考。

风景园林需要实践。“实践是检验真理的唯一标准”，风景园林的实践作品才是贡献人民美好生活环境的实在载体。从这个角度来说，人民满意不满意，也是检验风景园林作品好坏的标准。风景园林的实践应该是为人民服务的热忱实践。

因此，风景园林更需要的是联系实际的理论，以及有理论指导下的实践，需要的是“知行合一”的深度思考和积极探索。

本书也是这样的产物。“人与天调而后天下之美生”，全书围绕风景园林在塑造人与自然和谐关系方面的核心使命，以“循地之道　成人之美”为主题——分别回答了风景园林规划设计创作的基础和创作的目的，并以“资源化设计”以及“平衡合度”作为创作方法链接两者，构成完整的创作链环。其中所提出的“资源化设计”这一鲜明的创作主张，既回应了风景园林是在大地上从事实践的根本要求，是“守正”；也呼应了生态文明思想的最新要求，是“创新”。全书共31篇文章，分为“寻思”“知行”并“余音”三部分，很好地体现了作者知行合一的专业思考习惯和工作作风。

赵鹏君是活跃在我省风景园林行业的一位中青年专家。我最早认识赵鹏君也应该是跟他的论文写作有关，他的几篇获奖论文，也都是由我任浙江省风景园林学会优秀论文评审组组长时审阅后推荐的。他的设计作品也屡出新意，多有获奖。赵鹏君获得过浙江省风景园林学会首届优秀青年科技工作者的称号，是一位实践丰富且勤于思考、态度鲜明又卓有成就的风景园林规划设计师和研究者。现在他把他这些年的思考和实践整理成书，并请我作序。无论是为人还是为文，这里都有他一贯的诚恳和热忱。我既为成书向他表示祝贺，当然也欣然答应他的请托。

“守正创新、继往开来”，期待更多专业工作者能有更多诚恳的思考、更多热忱的实践，期待新时代的风景园林事业在中国风景园林的延长线上更好发展，并为人民的美好生活作更多贡献。

是为序。

施奠東

中国风景园林学会终身成就奖获得者
《中国大百科全书（第三版）》风景园林卷主编
杭州市园林文物局原局长、总工程师

Foreword

“生生不息”与“美美与共”——有关风景园林的生命观与关系学

一、

风景园林专业和“美丽中国”事业天然贴合。作为人居环境中唯一具有“生命”的基础设施，风景园林在构筑“人与自然间的美好关联”方面的核心使命，以及调和“人地关系、人际关系”方面的核心价值——使得这种“美好关联”既因关乎国家的生态文明和美丽中国建设而特别宏大，也因指涉身边环境的点滴改善而具体可感。

这种“美好”源于对优秀传统文化的继承——风景园林独有的“生命观”事实上也是一种“文化观”。作为传统优秀文化的重要载体，中国古典园林体现了前人对于理想“美好生活”的全部向往和顶级努力。“莫春者，春服既成，冠者五六人，童子六七人，浴乎沂，风乎舞雩，咏而归”，尤其是文人园林所追求的这种由“浴沂咏归”所代表的“生命乐境”，以及由此带来的对日常生活的诗意塑造，在今天更值得、也更有条件发扬。

这种“美好”也源于对时代需求的响应——风景园林的“生命观”其实也是一种“发展观”。“人不负青山、青山定不负人”，当代风景园林不断地从人的美好生活出发、从人与自然的和谐关系切入，通过全域化转型和体系化建设，持续地突破原有疆界，整体提升资源化管理、生态化效益、综合化利用、品质化建设、均等化服务水平——进而积极带动城乡高质量发展、深刻塑造国民健康生活方式——为“美丽中国、美好生活”建设贡献更多专业力量。

二、

风景园林可以有很多定义，不过，从根本上而言，风景园林可以说是关于人与自然美丽相处之道的学问。其中人与自然的关系是讨论有关风景园林的最根本的一组关系——一组不离实体物质的重要且实在的关系。同时由于人类历史的漫长特别是现在服务人口的众多——风景园林的关系之学至少还包含着另外两个维度——人与历史/时间或者说文化的关系，以及人与人的关系。所以，王绍增先生才说——“风景园林师应当是这种人——这种人必须对大自然有一种近乎崇拜的信仰，对生命有一种出自内心的热爱，对人类有一种发乎本性的同情”——这既说明了关系，也涉及了根本。

风景园林是关系之学，当然也就是平衡之学。这其中最根本的也是人与自然的平衡。所以我们就既能听到“虽由人作、宛自天开”，也能听到“非谓人力不自然”。孟兆祯先生在谈到风景园林之美时，经常引用的是管子的“人与天调而后天下之美生”——其中的“调”

就是一种平衡。而他经常引用的另外一句话“景物因人成胜概”表达的则是另一个角度的平衡。相地合宜、平衡有度——“度”在李泽厚先生的历史本体论中是具有本体性的价值内涵的。

如果从人与自然的平衡再推开出去，我们在风景园林讨论的视域中必然会碰到保护与发展、传承与创新、本土与外来、景观与功能、品质与效益等多种关系以及关系之间的各种平衡。所以孟兆祯先生在给国内风景园林专业院校的诸多题词中，有一句会始终提及——就是“综合效益化诗篇”——这里的“综合”当然也就是各种关系综合后的平衡。

三、

风景园林规划设计的本质任务是在土地上安放上述平衡好的各种人居梦想，最终构筑人地美好新关联的一项工作。当然，人居环境学科的3个专业——城市规划、建筑工程、风景园林的专业工作都是为了在土地上实现人的梦想。但在某种程度上，由于建筑功能更具体而城市规模更宏大，土地对风景园林的或硬/或软地支持/限制也就更鲜明、更直接，当然，也应该更动人……

如前所述，风景园林作为人居环境，特别是城市空间中的唯一有生命的基础设施，以及自由的开放空间，也只有它可以帮助人们重新链接了自然——生态；并在其中放松了身心——休闲；也重新理解/创造了人际——文化……同样，我们的每一片土地中也都有着可以从土地自身和历史资源的梳理、解读中汲取的大量能量。事实上，在我们目光所及的每一片用地之中，都有来自人、地两方面以及各自内部的种种作用——概括起来，就会有着一种或隐或现的“道”在其中——无论来自于亿万年的自然脉动，还是千百年的人类作息。

所谓人地关系的美好“新”关联，就是在新的时空演变（发展）状态下，构筑对人的新的期待的全面响应——成人之美，和对土地自身脉络的深沉呼应——循地之道——之间的一种双向美好联通。许多时候，风景园林规划设计的工作也就是感受与承接、激活与创造这其中的“‘生生不息’之道”和“‘美美与共’之美”。是的，“循地之道”和“成人之美”也是一组关系，是一组很需要把握“度”的关系。

四、

本书从讨论人与自然美丽相处之道出发，以“循地之道、成人之美”这一对关系为主题，一则在价值层面明确了“以人民为中心”的决定性地位，一则在方法层面突出了“资源化设计”在风景园林规划设计中的基础性地位。全书共3个部分，其中第一部分共11篇文章偏于研究，重点从资源化设计角度讨论了场所精神和大众风景（休闲生活）在绿色开放空间中的实现；第二部分分别从遗产保护与文化景观、大型中央公园与湿地（生态）公园、绿色开放空间与绿道3个方面整理了16个典型实例作为印证；第三部分则就设计管理方面补充介绍了在设计过程中能始终全面、准确理解设计任务的重要性，以及在文化资源富集地区、于设计之初即为设计场地撰写场所文化小传，从而明确场所之“道”的重要性。

本书是作者从事风景园林专业工作30年来，相关思考和规划设计工作的汇总。在过去的30年，尤其是这10年间，随着生态文明思想和美丽中国目标的提出，绿色越来越成为中国式现代化的最美底色。对应地，风景园林也逐步在全面维育国土生态安全格局、创新复兴地方公共文化精神、主动塑造国民健康生活方式和积极带动城乡绿色发展等方面全面彰显作用。某种程度上，本书同时也可看作风景园林近30年发展的一种实录。

张圣东 摄

目录

Contents

寻思·篇

知行·篇

附录

寻思·篇

默语倾听，兴然会应[①②]
——在地段特征和场所精神中找寻答案

Feeling the site and Responding to it
—— To seek solutions in site character and Genius Loci

摘　要：地段特征是外显的、较易为人感知的场地自然特征，是眼见的“物理地图”。场所精神，则是根植于场地自然特征之上的，对其包含及可能包含的人文思想与情感的提取与注入，是一个时间与空间、人与自然、现世与历史纠缠在一起的，留有着人的思想、感情烙印的“心理化地图”。本文以居庸关村镇改造设计和钱塘江林荫景带规划设计两个方案为例，探讨了景观设计过程中，场地的地段特征和场所精神对于设计的重要意义。指出设计过程应成为一个设计者与场地之间反复对话、不断交流的过程。最终谱就一曲人与场地间的“交响”。

关键词：场地设计；地段特征；场所精神

1　引言

场地纠集自然和人文，成为承托自然和人文衍生、变化的平台。场地是有性格的，它的性格就来自于活动在其中的自然和人文，同时也成就这些自然与人文的活动。然而与人类相比，它即使不是沉默，也可说是不善言辞的，而其性格中的最动人之处也是格外的没有声息，尤其是在人的喧嚣独白之时。它包容自然和人文，成为它们的底景，因而也隐藏在背后——回避着人的炙热的探询目光和滔滔的独白言辞。虽然它事实上却是坦白的——它对宁静、灵动的心灵开放。

无论是景观设计还是其他环境设计，都是在场地中进行的，都是对场地的一种有目的的改变。既然事涉双方，设计过程显然就应是一个设计者与场地之间反复对话、不断交流的过程。“因地制宜”是一句流传至今的老话。道理也在于场地曾有的和现有的一切对设计所起的作用——一方面它提供了创作的依据和设计者发挥的基础，另一方面，也同时设定着创作和发挥的限度——它对诸如改变场地的目的、方式和强度等方面都有着强大的先天约束。而所有这些，都很少是直接流露于外的，需要设计者与场地之间的互动式交流——“对话”。单方面的独白当然不构成对话。对话是往复的、平等的。而在人与场地间的对话中，人首先是个倾听者，而且

① 本文已发表于《中国园林》，2001，17（2）：29-32。
② 获浙江省风景园林学会自然科学优秀论文奖（2001—2002年度）。

是个不带成见、不存芥蒂的倾听者。在那些凭着热情、依了成见，习惯于自言自语的设计者面前，场地特性只能一再被埋没。

2 地段特征与场所精神

概括地说，场地的性格建筑在场地的地段特征之上，表现为场地的场所精神。

所谓地段特征可以更多地理解为场地的外显的、较易为人感知的自然特征。事实上也可理解为明·计成在《园冶·相地》篇中所言“山林地、村庄地、城市地及郊野地”等等。这是大的形势。具体而言，就山林地，还有山峰、坡谷等更细化的地理单元——它们对场地的空间构成及以后的景观创作提供先在的基础。

而对于场所精神，则是根植于场地自然特征之上的，对其包含及可能包含的人文思想和情感的提取与注入。如果仍想依附古说，则可概略地相像于以前的风水之说。不过这里取的是它所坚持的在人与场地（包括人与自然、历史与现代这两方面）之间存在某种心灵、情感方面的感应，而不附和、认同它的那种玄虚的异怪之说。即场所精神是根植于场地的自然、历史变迁，并直指人心的，它可能折射某种神秘，但肯定不会涉及玄虚和异怪。并且由于立场的不同，它更不牵连现世祸福。

如果说地段特征还只是眼前的一个物理地图的话，那么场所精神就是人心目中的心理地图，是一个时间与空间、人与自然、现世与历史纠缠在一起的，打下了人的思想、感情烙印的“心理化地图”。

当然，对于设计者而言，地段特征相对可较容易地把握，而对场所精神的提取或注入则需做到更深沉的体察。尤其是对于后者，它不但需要人的“默语倾听”，还需要人的及时的真诚应对——即所谓“兴然会应”，从而谱就人与场地间的“交响”。

3 两个案例

所举的两个例子，一个是笔者1996年参加国际建筑师协会举办的大学生竞赛所提供的方案——《居庸关村镇改造设计》，另一个是去年杭州市为钱塘江北岸11千米长江堤绿化景观带的方案招标中杭州园林设计院提供的方案——《钱江林荫景带规划设计方案》。两个方案一个是国际上的竞赛，一个是国内的投标；一个是概念性的设计，一个是实际工程；一个在塞北，一个在江南……，彼此间有着太多的不同。但在具体设计中，对地段特征的把握这方面的重视是一致的，而且，有关对场地的场所精神的注入和提取也确实直接左右了方案设计的最后完成。

3.1 居庸关村镇改造设计

1996年国际建筑师协会竞赛的主题是“欢乐交往空间——对现有空间的改善”。我们提供的这一方案在169件参加决赛的学生作品中最后与南非的一个学生作品一起赢得大奖。作品获奖自然令人愉快，但我们更感兴趣的是我们的设计方法被承认，或者说是我们的诚实态度和平实作风被接受。事实上，这里也没有什么新的、特别的设计思想和手法。如果说有，那也是因为我们坚持着的“因地制宜”这一“老”的观念和“以人为本”这一根本原则，使得居庸关本身所包有的深长意味得到了平实但又淋漓的表达，同时也使改造后的场所对于原居民和旅游者都是乐于接受的。对地段特征的正确把握和场所精神的真切领会使得设计能够成为场地的度身之作。这里，场地走到了作品的前台，设计者的个人风格则退于其次。

基地现状简单明晰（图1）。这是一个很单纯的空间。应该说是自然和人工的合作使得这里成为一个典型的封闭空间。两段断续（因为已经残败）的长城沿东西两山体的山脊而下，并果断地在南北低处逶迤而下，交接处就成为南北二关，一起围合着中部谷地。不但空间封闭，立于其间，连时间也似乎有着不同于外部的节律。这个单纯的由东西两山和南北两关四面围合的内向封闭空间，其间居民缓慢的生活节奏和简单的生活方式更使其相对于外部世界保持了自身的独立和单纯。时代的变迁，已经不宜将眼前的这个普通甚至破败的村庄与昔日的军事重地联系到一起。同样，如果不是时代的变迁，也难以将现实的这个村庄与未来的旅游发展联系起来。

由自然和人工一同合成的并表现在时空等各方面的封闭是用地的重要特征，但还不是全部。应该说，到目前为止，基地已经具备了一个“世外桃源”型的结构，以后的设计也可以由此发展，而且还可以从理想的角度，来表现、描述“欢乐交往”中的“欢乐”。但我们仍然觉得这样缺少力量，因为太理想了——它缺少必要的复杂，更重要的是，它没有应和现实对用地已经做出的全部改变。

这就是在基地中还存在着两条一级公路，它们以不同的高程分别在村子的东西两侧穿过——一条由南而北去张家口，一条由北而南到北京。我们后来将它形象性地称为“筷子”。“筷子”的来回穿梭运动终于使“碗”（即前述的由山体、长城和关隘组成的封闭盆地空间）不再只是单方面的静止和矜持，不再只是一个对现实冷漠的单纯封闭的“容积”。它的出现使得用地表现出了真实的复杂性格。对此，在我们的说明文字中是这样描述的——“它们的出现是极富意味的。长城是人为地划分并隔绝了（国）内外人群，而公路则为人们之间的交往提供便利，它（指公路）打破了原有的封闭，使它（指用地空间）变得不再完全，或者说使它更为完全。因为这带来了原来不曾有的外部事物和外部秩序。”它终于使得此地与别处相通，包括在时间上也打成一片，并使这种时空方面的通连和独立同时得到了强调，而“交往”也因此成为可能。而在发现了这点以后，设计紧接着的对“交往”的强调，就不再是个一厢情愿、由外部强加的东西了，它有着更为内在的接应。

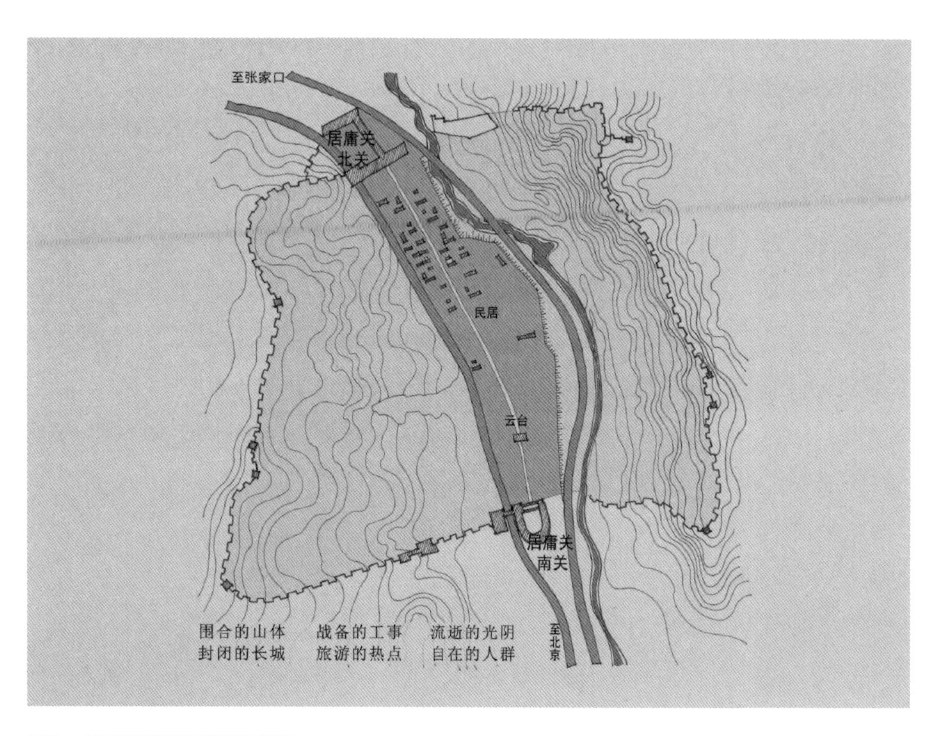

图1　居庸关现状平面示意图

时空两方面的封闭及开放之间的尖锐对立和复杂交织成了场所区别于其他用地的最大特征。长城的存在、公路的出现、村民生活的自在以及未来的旅游开发等交织在一起，共同使场地成为一个具有极为丰富内涵的场所。它的丰富就在于场地的所有直接对应了交往的不同层面的内容，包括人与自然的交流（用地中山体、水体的组织）、历史与现实的交织（时代的变迁留下的印记），特别是由长城功能的转换（由战备工事转成旅游热点）所代表的不同时代、不同人群对国际关系和人际关系的不同思考和不同回答。这是一个发人深思的地方。

接下来的设计也就水到渠成。事实上，当我们把“筷子”和“碗”搁在一起时，当我们注意到长城角色的转换时，我们也就真切知晓了这个场所的魅力——它来自其自有的自然和历史的变迁，同时也来自于其间现实的人群及其活动。这之后的设计极其平常，包括对长城的修复，使它成为一个旅游热点，一个可以增加不同国度、地区的人民交往机会的纽带。以传统的四合院对原有民居的整理和修建最大限度地尊重了原有的生活居住方式，同时家庭旅馆的接待方式也在最大限度上消除了游客和居民的距离，增加了它们的亲和机会。此外，戏台、商业街、广场等也无不如是，点染着那种平和、亲切的气氛。

这样，对居庸关的现状和历史渊源的深切体察成为本方案构思的出发点和最后依据。所以说，是居庸关自己赢得了最后的接受。

3.2　钱江林荫景带规划设计

杭州市钱塘江工程指挥部在1999年举办了11千米长的江滨公园设计方案投

标。竞赛一共指定了6家设计单位。杭州园林设计院的《钱江林荫景带规划设计》为中标方案。

这是一个实际工程，设计用地实际上是一介于钱塘江北岸防洪大堤和江滨大道之间的，近30米宽，有2米高差，全长11千米的绿带。整条景带纵贯上城、江干两个行政区，属规划江滨分区范围。北邻杭州市区，南靠钱塘江，西连西湖风景区和之江国家旅游度假区，东接杭州经济开发区。钱江一桥、二桥、三桥及规划中的四桥在区位内飞架钱江两岸。随着杭州市主城向东适度扩展和充实，开发后的江滨商务区，将成为两个市级公共中心之一。而建成后的江滨林荫公园将使江滨区置身于一个大花园中（图2）。

这是一个难题。难，倒不在于它有着与前面讨论的设计刚好相反的过程。居庸关村镇改造设计是一个主题先行的设计，工作的重点就是根据对主题的理解选取用地，并在用地与主题之间构筑关联。而在本次设计中，用地是给定的，主题则需要自己去寻找。难的是这个局促、单薄的“绿线”能给出什么样的提示呢？又如何加以落实？

我们已经认定这是一个吃力而不讨好的工作。单是30米宽、11千米长这组数据就足以打消一些虚妄的念头——而任何有意义的举动经过11千米长的消耗后，也只能无聊。所谓主题的落实，如果有的话，也只能是断续的点到为止（这一点，参赛的6家方案是不谋而合的）。我们必须多方收集信息，甚至在抱怨“为什么要有这样的任务的产生，即为什么会在这样的时候在这里需要建设这样的一条绿化带，而且还得到

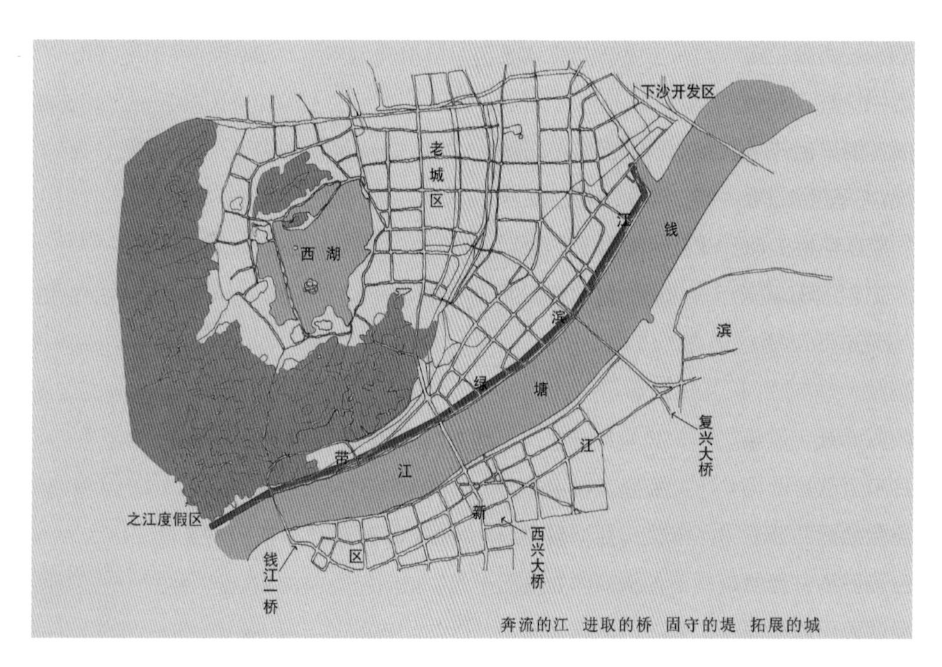

图2 西湖地区现状示意图

了如此重视”。答案是因为需要。时代的需要，城市发展、建设的需要。

渐渐地，在这样的询问和对视中，眼前的这条滨江傍城的“绿线”不再沉默，也不再单薄，慢慢生动和丰满起来了——在新世纪即将到来之际，人们的目光终于投射到了这块江滨地带。城市发展的浪潮也逐渐南下，并直抵江边，甚至还将跃过江去，开始跨江发展的新纪元。这首先是时代发展的产物。

至此，将设计放在这样的背景中，方案终于有了明确而贴切的方向。对基地的分析也开始偏重于以城市发展建设史为线索对其进行梳理，最后发现了用地内存在着一条自北而南的纵向的江城关系的变迁和一条由西而东横向的自然与城市的嬗变这两条结构线，并特别注意到了绵长11千米的江堤以及地段内向南挺进的江桥的存在——如果说江堤表现出的还是人在自然面前的退守姿态的话，江桥则代表了一种进取的精神。它们同样回答了在不同时代条件下，人类对自然和城市发展的不同思考。堤、桥的共同出现，使得本地带同时纠缠了多种信息和情感，从而形成了一个意义非常饱满的空间。

方案拟写一联作为概括：

一堤捍海横东西，
看鲸浪长恬，
念钱祖余风

三篙撑江贯南北，
知天堑有涯，
标今日英雄

如此，从时代的高度出发，以城市建设发展史为线索，综合城市发展过程中人与自然关系的变迁，以及时代文化的演进，结合用地内同时出现的（奔流的）江、（拓展的）城，（固守的）堤、（进取的）桥等四大要素对用地的地段特征和场所精神进行了提炼和组织。设计也沿着用地构成的纵横两个方面，以城市、城市中的人为核心，将其凝变为自然与城市（江城关系），历史与未来（城市发展中表现出的时间意味）这两条线索，并分别组合，最终形成如下三个主题组：自然、历史；现实、人生；城市、未来。同时结合用地的分段特征，自西而东加以排布。各分段紧紧围绕了总体上的主题约定，并对之加以进一步的凝练，分别形成了三组主题：“弄潮”——回应“自然、历史”；“升腾”——呼应“城市、未来”；“众生”——对应“现实、人生”（图3~图5）。

用地的景观安排也据此做了相应地布置。通过主题雕塑的设置、标志性景观的确立和若干个性空间的营建，建设纵贯全长的景观体系。这样的考虑也符合了在设计之初对基地地段特征的分析，成全了一松散的串联式的开放空间体系，并特别体现了空间的节奏设置和变化。在这之中，标志性景观是针对用地内大堤与滨江大道存在的2米高差这一地形特征所做的景观性提炼，它在整条绿带中反复出现，成为通长景带的统一元素。若干无主题但有个性的空间通过广场、种植、小品等相关因素的变化和不同组合衍生而成，充填着场地，成为丰富完善整个景观体系的一个个必要亮

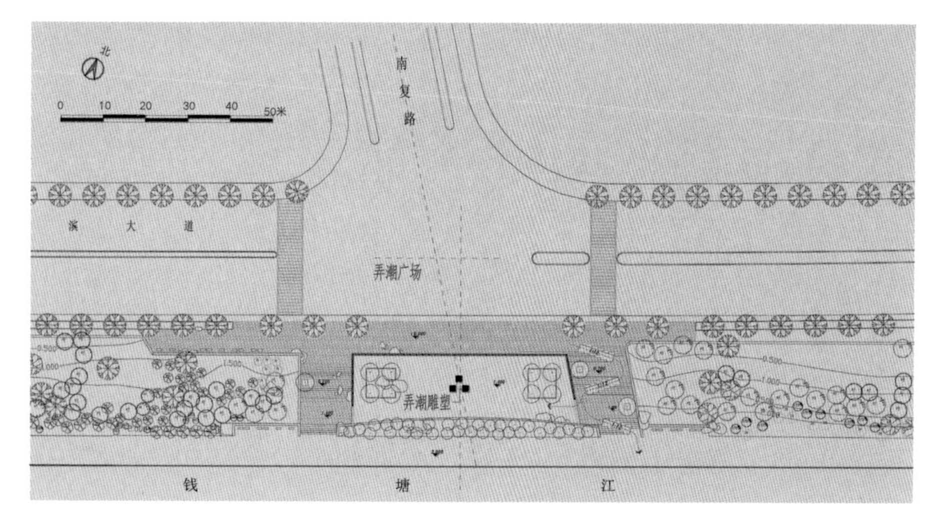

图3　弄潮广场

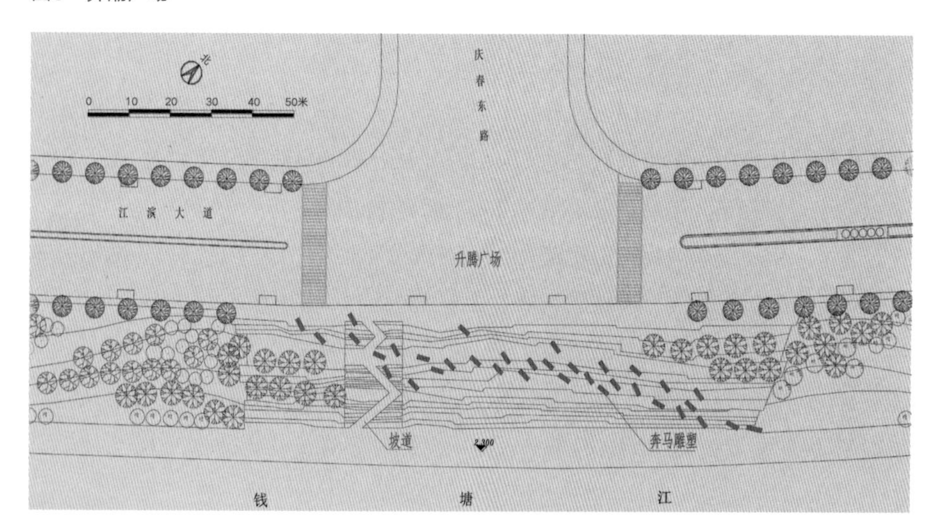

图4　升腾广场

点。而主题雕塑则承担着对各段落主题的揭示和阐释。它们在意义生成方面控制着各自所在的段落。并凭借主题上的内在一致，彼此间也遥相呼应，实现11千米长的景带在意义上断续通连。

有关主题雕塑的设计，总体设计方面也在体量、形式等方面提出了具体要求：

（1）弄潮——纠缠自然与历史，人的力量的被动显露

作品采取了大型点式雕塑的形式，以动态曲线摹写江潮翻腾的情状，表现浪潮闪跃腾挪、汹涌澎湃在高潮处的景观。通过对这一瞬间的刻画，将极度的动感凝固下来，从而使场所充满了张力。场所设计同时还注意与历史人文情况的对应。挡土墙则同时作为壁雕刻写“钱王射潮”一类传说、典故，进一步充实景观内容，扩展景观的历史文化内涵。

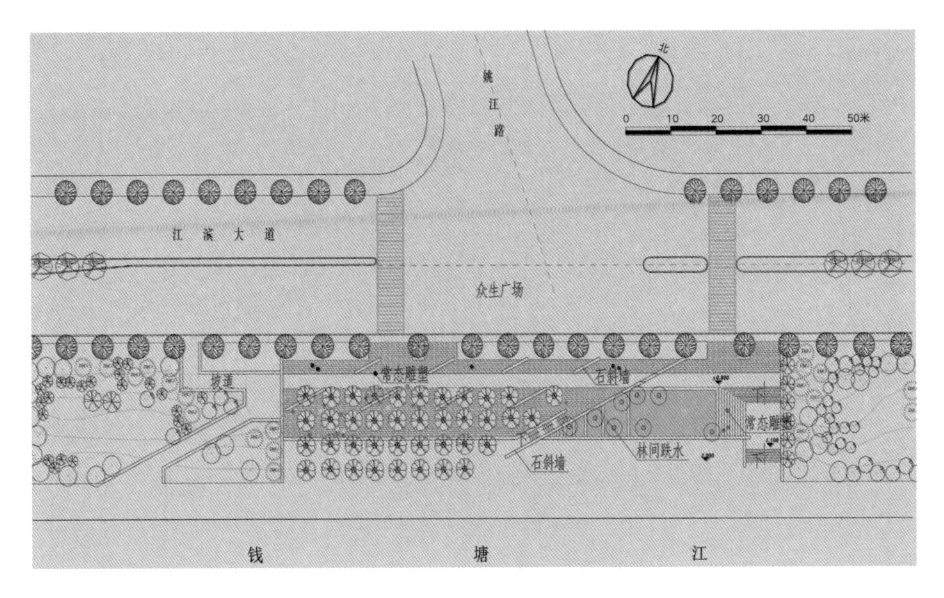

图5　众生广场

（2）升腾——挑战自我，超越极限，人的力量的主动

展示与跨江而建的三桥和杭城向东进展的形势所表现出的积极向上、开拓进取的态度相联系，以“万马奔腾江潮来，江潮人潮两相涌”为出发点，利用群雕这一形式，以奔马群为载体，通过奔马的动态刻画，再加上水平方向上的铺陈，表现出一马当先，万马奔腾的情状，渲染出未来杭城所应具有的高速度和大气度，以及万众一心，蓬勃向上的气势。并借此遥遥呼应人类对自我不断超越、积极进取的精神。

（3）众生——常态生活情趣的自然流露

以具象与抽象相对照，以常态与唯美相对照，以一种轻松、幽默的态度，截取若干日常生活状态下的普通民众。通过这些常态具象雕塑的散落布置，强调了场所的现实感，渲染了城市的生活气氛，并借此成就了一种特色景观。

人物则可以选取老人、孩童、孕妇、警察、游客等；行为可选取行走、坐卧、交谈、观赏等方面加以表现。

钱江林荫景带的规划设计，无论是布局结构的安排，还是景观体系的构建，都注意坚持了与地段特征的贴合。而前述主题的选定，更是强调了场所精神的表达。那种基于场地自身的大开大合的时空跨度和历史气度的提取和注入，最终也提升了地段的文化价值和景观品质。设计也因此变得更加富有意味，且成为一个从本土生长出来的作品，而避免只能是一个自说自话的外来者。

致谢：在写作过程中得到了北京林业大学园林学院刘晓明副教授的帮助，特此致谢！

（注：本文与李永红合著）

自然面对，亲密接触，欢乐交往[①]

——一种新的旅游方式

Naturally Faced, Imtimately Contacted, and Jogfully Socialized

—— A New Way of Tourism

摘　要：旅游正变得日益平常和必需。特别是它可能提供的人与自然间近距离进行广泛而集中接触交流的机会，使之有着对常态工作内容和生活节奏的间断、突破和修正功能。一种新的旅游方式正在兴起。它通过加强自然的自我表现，既为旅游地的个性找到了依据，同时也为旅游者提供了更多个性舒张的机会。它强调身体力行 ——即距离更近的直接接触，方式更多的全面体察，通过人与自然的亲密接触，达到双方的欢乐交往，并完善和提升自我。

关键词：旅游方式；人与自然

1　引子

发展旅游既满足了一大部分人群的客观需要，同时也给许多经济水平目前仍相对落后的地区以一条新的明确的发展思路。应该说，这是一个“双‘双赢’”的政策——“双赢”既存在于经济发达与欠发达地区之间，也存在于人与自然之间——“穷山恶水”开始以旅游资源的身份出现了，而在这之前，他们一直是当地经济发展的包袱。所以，这一政策迅速得到社会各界的理解，并成为共识。各地方主管部门的工作热情也空前高涨。大好河山开始纷纷以风景区、森林公园或旅游度假区的形式在祖国各地上马，有的还想上市。旅游不再搭台，旅游自己就在唱戏。

就在各地为如何将旅游资源转化成旅游产品，进而争取最大数量的旅游者，从而完成产品向商品的“飞跃”而绞尽脑汁时，细心的人们仍可从花样百出的诸多策划、创意以及各旅游地的导游词中发现些什么。那就是众多的人工景点、游乐场，还有度假别墅或宾馆的遍地开花。这种单一做法的原因何在?是否存在着别样的方式?本文试图就此做出思考。

① 本文已发表于《中国园林》，2002，18（1）：11–13。

2　旅游关系中的人与自然

城市化的一个重要表现就是人和物的大规模、高密度和快节奏的积聚、流动和变化。对于工作、生活于其中的人而言，这同时也带来了大量的异己事物、关系的高密度的出现，包括紧张的工作压力、单调的生活内容、复杂的人际关系等等。许多曾经熟悉的东西或者已经消失，或者正在远离。在这样的背景下，旅游作为一个获得新鲜的体验和经历以及找寻往昔情怀的机会，就成为对常态工作内容和生活节奏的间断和突破。它的日益平常和必需，不仅在于闲暇时间的增多、出游条件的改善，还在于它所具备的对前面提及的种种负面影响的某种程度上的缓解和修正功能，包括增加新知，复苏心灵和完善自我的内在需求。

更多的遵循着自身规律的自然，无疑在这之中可以扮演重要角色。旅游成为难得的人与自然可以近距离进行广泛而集中接触交流的机会。通过较长时间地在自然之中的活动和对话，来忘却一些，回忆一些和新生一些。自然呼唤自然。面对自然，人也会以自然（本性）面对。而这一点（即人的自然本性方面）在现实的日常生活中因为不被需要，而不能立足，几被遗失。

人工景点、游乐场所和宾馆的遍地开花，在于一种旧有的旅游方式的存在。这种旅游方式建筑在一种人与自然的关系的基础上。在这种关系里，自然与人彼此外在。表现在旅游地的活动安排和组织中，自然更多的是作为一种场景而存在，人仍然是左右一切的全部主角。好在一种新的旅游方式，目前正在大江南北悄然兴起。新的方式通过加强自然的自我表现，既为旅游地的个性找到了依据，同时也为旅游者提供了更多个性舒张的机会。新的旅游方式强调身体力行——即距离更近的直接接触，方式更多的全面体察。作为自然的对话和游戏伙伴，他们一方面仍会诉说，另一方面也在努力倾听。他们强调“新”的价值，也强调“真实”“自然”“自我”和“自在”的价值。希望通过人与自然的亲密接触，达到双方的欢乐交往。有可能的话，还能完善和提升自我。

3　强调自然表现，直接、多样、深入的旅游方式

3.1　更直接的体察

“肌肤相亲”并不直接地等同于彼此的“亲密无间”，有时，一只“看不见的手”仍在背后捉弄。那就是一些旧有的观念，作为后人和时代的人，历史传统与当下时尚，自然地制约了人们的观念。从而使前人或别人的“成见”，甚或“偏见”占领着自己的脑域，并进而左右着视线，影响着感官。有时，即使在与自然直接面对时，仍难免念念有词，想着套话，正所谓“有诗为证”。在这一方面，似乎中外皆然。窦武先生在《意大利造园艺术》一文中所转述的那样——古罗马贵族，在游赏自家的花园时，想出来的全是诗篇中华丽的辞藻。于是自然或因为符合了经典的场景描写，因充满了诗情画意而被认同，或

者刚好相反而被认为不具价值。在这样的局面中，人的感觉，一方面日渐幽雅并被同化，另一方面也日渐退化。它们只看到别人也看到的，同时也忽视别人所忽视的。事实上，自然从来就不是一个成型的东西，它如同我们一样，也需要新的发现，需要新鲜的东西的不断持续注入。

在这样的情形下，“新新”作家们所标榜的“用皮肤思考、用身体写作”，无疑具有积极的意义。至少他在主观上，拒绝着陈词滥调，并因此努力，以自我的方式组织文字、阐明事理——自己的事和理。而作为读者，也至少从中可以获得一种新的阅读体验。

横亘在人与自然之间的，影响甚或是左右着人与自然的关系及彼此间的认同程度的，除了上面所说的观念上的障碍外，还有被称作“延长的手”的种种外在的事物。在漫长的历史演进中，这些以人的安全、舒适、方便为惟一或主要目的所发展出来的“工具”们，保护和满足了人们，同时也增加了人与自然的距离。在一个离开电就不能生活，看不见明确标注，就立刻迷失方向的人的眼里，说自然是美丽的，说自然的威严是迷人的，也许仍然是书本中名人名言给他的记忆（图1）。

因此，如果已经不能满足，那种能与大多数共呼吸但是陈旧的气息，如果渴望恢复一种清新的感觉和真切的体会，那么有必要解除习惯法的武装，将“有诗为证”暂放在家中，带着更少的行囊出发。用身体去直接测度山石的坚硬、泉

图1 “看不见的手”和“延长的手”——“套子”

水的冰凉以及山花的形色和芬芳。在这种直接的接触中，那些不是名山大川的自然，也就没有自卑的必要——他们自有其自身的价值。这价值就在于，因为更少的人文装饰，从而有了更多的本真和亲切的面貌，并因此引发人们的同样原初的感受（图2）。

3.2 更多样的体认

直接接触，并不意味着人与自然之间简单地“面面相觑”（图3）。事实上，由于自然的沉默，虽然直接但却简单的交流，所得到的感受仍然是单薄的。除了习惯上作为审美的载体和认知的对象，自然作为人类生存的母体和游戏的伙伴，所能给予人的启示和欢乐是多方面的（图4）。当然，由于交往一方的沉默天性，作为另一方的人类，需要采取一定的主动，从而在人与自然之间建立最广泛的关联，进而获得多方面的感悟。

比如说“定向”活动的开展，可以使大地万物在我们的面前立刻生动起来。虽然仍是沉默，却已经处处充满着可感的信息了。太阳自然是东起西落的。而树

图2 直接接触——用身体直接测度并体会自然

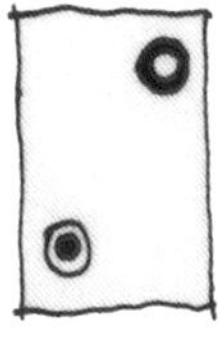

图3　直接接触，并不意味着人与自然之间简单地“面面相觑”

木也不甘沉默，它们用树叶的聚集、果实的色彩指示着方向。山体也不说话，但它用坡度的变化告诉我们“陡的那面是北”。“攀岩”无疑是人与大山的直接对话，人们用身体来直接丈量山石的高度和硬度，当然，还有难度。它所带来的欢愉以及真切体验，应该是缆车无法给予的。而野外生存训练，更使人们恢复了与自然的息息相关，而不再是一无关痛痒的外在之物，同时也加深了对自身的认识。

更不用说“野营”“观鸟”等在人与自然间建立的联系以及给人带来的那种平等相处、彼此珍惜的情感和欢愉了。

3.3　更深入的体悟

花花绿绿的城市生活，使人们的感官一部分丧失了、另一部分麻木了。心灵也因此变得迟钝和干瘪，以至于风声不能入耳，花香难以袭人。而通过对自然的重新体认，通过在旅游活动中，针对与此开设相关的项目设施，也许使人所丧失、消退的一些本能，能因此得到部分的恢复，从而恢复那份灵醒、生动和完整，并对自然和自身有着更深的感悟（图5）。

图4　作为游戏和对话的伙伴，多样体人，来自人与自然的互动

图5　更深入的体悟，需要更深入的体察——对待自然或对待自我都是如此

在日本东京都的杉并区，有这样的几处小游园，分别利用人的耳、鼻、头、足对应听觉、嗅觉、触觉，当然，还有视觉。特别动人的是“耳园”中一处“攀升的耳朵”（图6、图7）。环绕以竹林，耳管直直地向上攀升。一端通连着人的耳道，另一端放大为喇叭状，收集高处的气息。当6米高处咝咝的声息沿着耳管传达到耳膜时，“耳膜一新”该是一种什么样的感受呢？而在“鼻园”中则设置了特别的坐椅，椅背刺激人背部的穴位，作用于鼻端（图8）。于是，人体的背部和五官中的“鼻”之间就画出了一条明晰的连线。而平时，这条“线”是隐藏的，人们无法知晓。此外，“足园”中的“头冷石”（图9、图10）对脸部皮肤一视同仁，将其还原成为一感受外界的器官。而“触动之径”（图11），则使脚与脚下的不同材料明白地、直接地接触，同时参与作用的还有各人的体重——他们和材质的软硬、疏密等一起决定足部的感受。于是，人再次成为导体——因为他和自然息息相通；而人体本身即是一通连的整体也被明白地揭示出来。

图6　耳园（1）

图7　耳园（2）

图8　鼻园

图9　足园（1）

图10　足园（2）

图11　足园（3）

这种感受不是强作解人。在公园设计所附的文字说明中，有着明确的交代："在这些被称作'绿洲系列'的小游园中包含了5种官能，诸如视觉、听觉、嗅觉和触觉。在我们的日常生活中，这些感官彼此增强、通力合作。但是面对今天由于日益复杂、多层次的城市生活需求，所产生的噪声、空气污染等城市污染、风景的破坏、地方品质的消退，我们的感官几乎已经终止了功能。建设的目的就在于通过与人的感官相联系的设施和环境，能使人们日常生活中更多地意识到这些微弱感觉的存在，并对城市环境和风景给予相应的提升。"

4　结语

有着自然及人的自然（本性）支持的这种旅游方式，在当今的这个时代，理应得到更多的认同。那么，与之相关的专业工作人员，包括旅游策划、景观规划与设计等从业人员，更应敞开心扉、放开手脚，从伪美与矫情中走出，走向自然、走向自我。

（注：本文与李永红合著）

自由与责任[①②]

——当代城市户外空间设计

Liberty and Responsibility

—— On The Design of City Open Space at the Present Age

摘　要：文章以“自由”与“责任”这一对彼此间具有内在张力的词语来概括、说明当代城市户外空间设计的现实境况及可能的方向。指出在当代设计的多元化、自由化倾向的同时，应注意服务公众、意义创造、生态保全等方面的责任担当。

关键词：城市户外空间；自由；责任；服务公众；生态保全；意义创造

1　自由——开放与广阔的设计平台

1.1　全球化背景下多样化的凸现

“全球化”一词出现的意义显然是针对人类社会而言的。因为在人类出现以前，据说，地球就是一个完整的整体，以至于有人躺在床上看世界地图，发现了美、非、欧等大陆板块的海岸线可以非常吻合地整合在一起——从而提出“大陆漂移”学说（德国A. L. 韦格纳，1912）。即使在人类出现以后，整个地球的碳氧平衡也依然是在“全球”这一时空尺度内达成的。许多生物的生命历程也得在全球范围内才能完成。美国有学者提出“蝴蝶效应”——显然也是“全球化”的一种反映。当然，上述所及内容讲的都还是人类以外的事情，与人类的关系似乎不大。以至于在很长的历史跨度内，我们的先人不予理会。

全球化真正变得可感应该是在17—18世纪（马克思对此有特别的表述——“资本主义的经营决定了‘世界历史’的到来”）。这个年代的最大特征即是海外贸易的大发展——特别是在欧洲的传统强国，对于中国人而言，可以用后来的八国联军的国别记住他们。经济的扩张、地理的大发现使全球化的到来成为必然事物。以至于

① 本文已发表于《昆明理工大学学报》，2002（27）：94-98。

② 获浙江省自然科学优秀论文三等奖（2001—2002年，第十二届）。

明代开始了“海禁”——400年以前的中国人一厢情愿地以为可以此自外于世界，而独成一统。然后是中国“输掉了”世界。特别是在19世纪以后。

对于当代，全球化更是势不可挡——产品供应是全球的，市场也是全球的。而且有着与20世纪不同的特征。这就是：一、它有着前所未有的深度和广度——渗入了现代生活的方方面面，包括日常生活；二、它还有着前所未有的速度——可以在短短的时间内“风行全村”。特别是现代信息技术的出现，使得个人空间和尺度与全球空间和尺度间几乎不需过渡，即可“浑然一体”。全球化背景下多样化景观也得以凸现。

人类的视野也因此得到了前所未有的扩大。不同类别的文化资源可以全球共享。即使是在17—18世纪时期人类景观营建中也留下了痕迹——对某种异国情调的持续追求。

18世纪的洛可可艺术就对海外异域文化抱有浓厚兴趣，尤其是中国文化，以至于有美术史家认为整个洛可可艺术是受中国影响的产物，而将其唤作“中国式”[①]。在数不清的“英国式中国花园”里，出现了很多的中国房屋。法国的雷斯荒原是其中最精美的一个——它甚至都有一个“中国山庄”（图1）。

交流是双向的。同时期大清王朝的圆明园里也集中出现了一处充满欧式情调的宫殿和园林——“西洋楼”。当然，一些必要的改变还是有的，比如说欧洲园林中常见的裸体人像也就以国人喜闻乐见的鸟兽鱼虫代替了。[②]

而在我们这个世纪“地球村”的时代，这种处理更是比比皆是。荷兰的“小人村”、深圳的“世界之窗”（对异域文化的反映），更扩大一点的还包括遍布中国的“唐城”“宋城”（对历史景观的表现）等（总之是对别样时空的表现）都像极了一个景观大超市。使人人都可得而享之——这在过去是只有帝王才能享有的。

1.2 温饱之后——对多样性的主动追求

对于我国的社会经济水平，一般的认识

图1　雷斯荒原的“中国山庄”

① 陈志华，《外国古建筑二十讲》，生活·读书·新知三联书店，2002年，195页。

② 周维权，《中国古典园林史》，清华大学出版社，1993年，288页。

是“发展中国家”。国内有些经济学家综合考虑了发展现状、态势及国民的自尊心理，将其重新命名为“欠发达国家”(《南方周末》，2002-04-26)。无论此说是否妥当及最终能否被接受，有一个事实是，中国政府业已宣布了全国整体上已经解决了温饱问题，而步入了小康社会。

温饱之后的一个重要特点，就是消费重心的转移——生活必需品的消费所占比重逐渐低下，而其他成分的消费比重则逐渐增加。同时，消费的内容也日益广泛，如同今日之文化范畴无所不包一样，“消费”竟也成了主义——它甚至成了一种生活方式、一种文化。这其中不但包括了对物品的使用价值的消费，也包括了对其背后的持有价值的消费(迈克·费瑟斯通，1990；韩少功，2001)——即对包括品位、格调及思想等文化资源的消费。

从这个方面加以认识，消费也真正成了当下社会的动力(国家不也正在刺激消费吗?)。前期灰黑色的生存压力的缺失使得对必要性、逻辑理性的推崇成为背景，而偶然性等非理性的一面则立即浮出水面，闪亮登场。消费将生活变成了一个大卖场，古今中外、雅俗文野尽陈其中。“上帝”们无所顾忌、不假思索地狂欢。江浙一带的商家就推出了一道菜点——菜名就叫“随便”——因为食客们在随便点菜。

在温饱之后，“消费”成为主义；“非理性”跃上前台；多样化，甚至对生活方式奇异性，乃至反叛和颠覆的追求皆成

图2　新奥尔良市的意大利广场

合法。一种没有边界的自由在现世的天空中游荡。

于是，我们可以看见查利斯·摩尔在新奥尔良市的意大利广场上如何地随心所欲——广场的色彩鲜艳、刺眼；材料也五花八门。特别是对经典柱式的使用，更令老学究们目瞪口呆——不锈钢的科林斯柱头、不锈钢的爱奥尼柱头、不锈钢的陶力克柱式以及由喷泉形成的塔斯干柱式(图2)。

这种组织手法似乎也成了一种经典、一种姿态——日本的隈研吾甚至只使用一个爱奥尼柱式就做成了一幢建筑(图3)。“这种引人注目的外观在某种意义上来讲，是以超出必要性的做法来显示自身的存在”[①]。

图3　东京世田谷区的MZ大楼

文化资源极端丰富，对其的享有又似乎唾手可得。一切都那么随心所欲。严肃

图4　上海延中绿地调皮的路

思考与无聊举动间已经很难作出区分了。所有这些做派与其被称为“后现代”或“解构”，都不如唤作“消费主义”来得更为通俗和本真。

1.3　自由——更为开放与广阔的设计平台

如果说是全球化提供了多样性的背景和资源，那么温饱之后的社会经济状况则给人们对这种多样性的自由追求提供了强大的支持和鼓励。所有这些都为人们日益关注的城市户外空间设计带来了自由化的倾向，并搭建了一个开放且广阔的设计平台。所谓的设计已经是“没有规则，只有选择”了。

必须同时指出的是，设计本身也在内部对外部世界的这种“自由地选择”给予着积极的回应，那就是——“自由地创造”。这至少体现在如下三个方面：

首先就是对构成户外空间整体的各设计元素关系的重新认识。一般而言，举凡户外空间，无外乎是在场地的山山水水间，布置以建筑、小品及活动场地等，再由园路在其间穿插迂回。组成空间的各要素间彼此配合，从而构成一统一的整体。而在当代户外空间设计中，普遍出现了各元素的独立及彼此间非常规的组织方式。

在上海延中绿地的一角，我们可以看见园路从整体中跃将出来，担当了景观表现的重任。没有来由、似乎也不讲究去处，还有一把椅子横跨路中，透露出那么一种“蛮横无理”，再加上面层材料的多样。路们表情丰富、诙谐调皮，终获自由（图4）。

而在具体的小品建筑的创作中，这样的现象也同样存在—建筑的柱位平面、墙体平面和屋顶平面间居然可以互不搭界，仿佛只是一种凑合式的关系。冯纪忠先生在最近的一次谈话中，说及他在1980年做的“何陋轩”时，讲道“至于元件都取独立自为、完整自恰、对偶统一的方式及其含义与观感”[②]（图5、图6）。

同样，在局部空间与整体空间之间的关系方面也存在了上述现象。传统设计讲究的个体与整体间的和谐、统一不再被当作唯一的追求。当代社会普遍存在的对“历史的平面化”的认识，转换到空

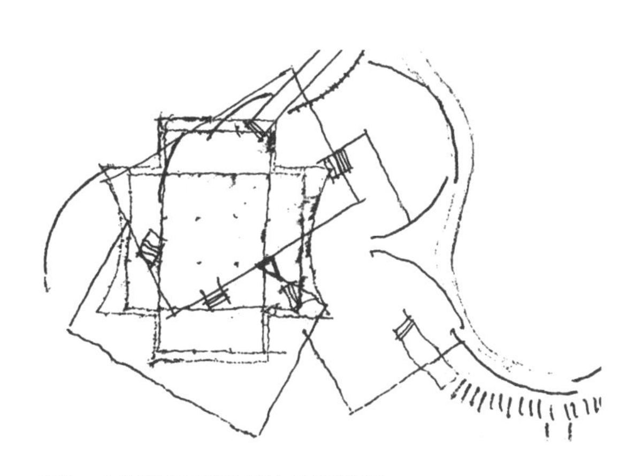

图5　上海松江方塔园的何陋轩草图

① [日]布野修斯等，《日本当代百名建筑师作品选》，中国建筑工业出版社，1997年，24页。

② 冯纪忠，《时空转换——中国古代诗歌和方塔园的设计》，载《设计新潮》2002年第1期，91页。

间设计中，也就是自由化的平面和特性的空间。伯纳德·屈米的拉·维莱特公园就是这样的一个经典例证。设计采用的点、线、面三种互不关联的体系和10个主题花园（图7、图8），强调着景观的随机组合与偶然生成——“矛盾转化成了价值”①。

2　责任——自由的底线与内核

前述之自由化的表现自然应该得到欢欣鼓舞，尤其是对于传统力量强大的中国。不过，毫无疑问，一种责任的担当对于生活于当今社会的人们的真实感的获得也同样重要。——否则，整天在“生命无法承受之轻”中晃荡的滋味是无法承受的。表现在城市户外空间设计中，至少涉及以下三个题目。

2.1　为人的空间——服务公众

“以人为本”已经成了一句口号。它既出现在人文学者的专著中，也出现在各级官员的讲话中，同样也出现在众多的设计说明书和开发商的售楼宣传书中。这已经成为一个社会各界都认同的观念。对它的正确和重要这里也就不再阐述。而且针对设计中的落实，也有文章进行了进一步的阐释。

李金路先生就专门著文论及了中国城市居住环境建设中的“以人为本”②。文章重申了“人的本质是一切社会关系的总和”，提出人的全息性这一观点，并指出“‘以人为本’应当是‘以中国人为本’”。这些观点同样可以适用整个

图6　上海松江方塔园的何陋轩（模型）

城市户外空间的设计。

不过，针对城市户外空间设计，仍然有一点值得提醒。那就是，还必须将一般的“以人为本”的观点进一步明确为“服务公众”的观点。由于城市户外空间与人们的生活息息相关，只有从公众的角度出发进行设计，而不是为了当权者的虚荣和管理者的方便（这样的例子在我国比比皆是），才能使一处难得的户外空间的社会效益发挥到最大。才能真正做到“以人为本”。

国外这方面的例子较多。巴黎圣母院是个严肃的宗教场所。但也并未因此就放弃对所在街区的责任。一侧的儿童玩具和后部密集的林荫场地及坐凳使得它同时也是个亲切的所在（图9）。卢森堡大公广场就位于大公馆的前方，其政治上的重要性起码不亚于任何一个国内的省会城市广场。而广场上也设置有与严肃的政治气氛“格格不入”的儿童玩具

① 朱建宁，《探索未来的公园——拉·维莱特公园》，载《中国园林》1999年第2期，76页。

② 李金路，《中国城市居住环境建设中的『以人为本』》，载《中国园林》1999年第6期，41页。

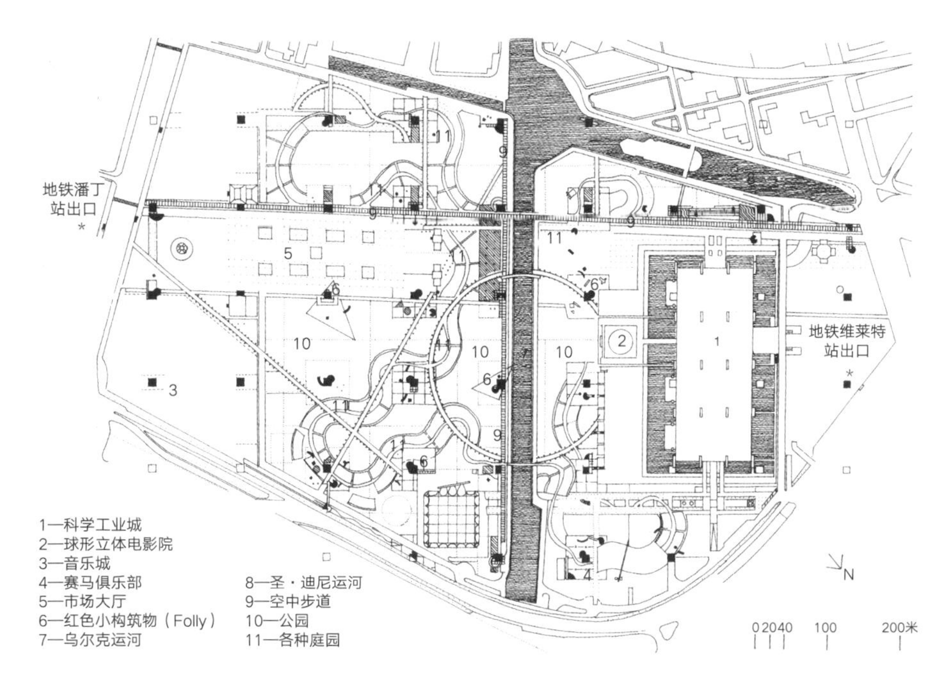

图7　巴黎拉·维莱特公园平面图

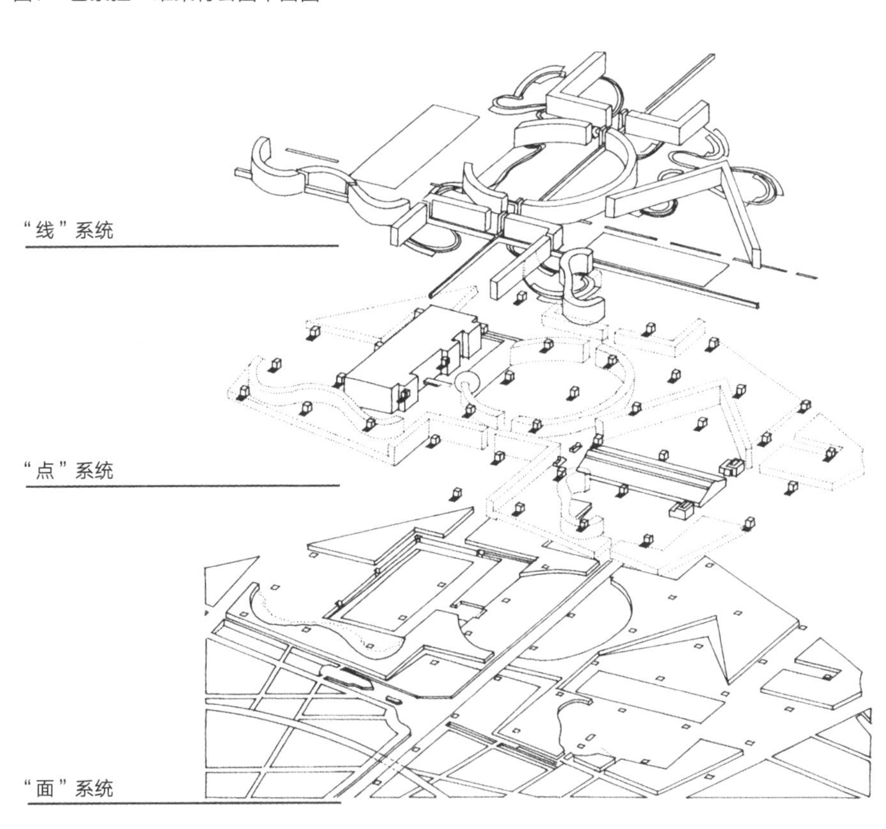

图8　巴黎拉·维莱特公园之景观结构

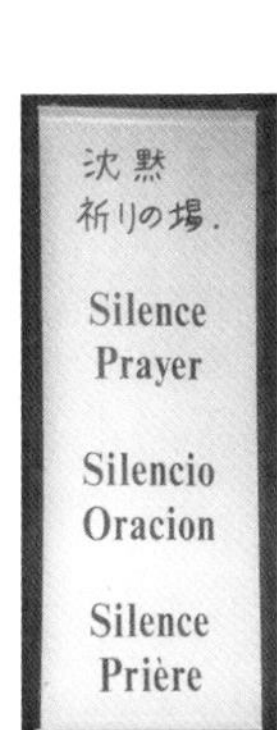

图9　巴黎圣母院提示“安静”的标识与周边的儿童游戏场和坐凳

组群（图10），但广场却也因此获得了一种政治上的亲民味道。而在其他的一些本来就是生活性的户外空间里，对公众需求的周到考虑也就可想而知。

2.2　文化的空间——心态的完全

虽然现世的人们更加强调“生活在今天”，更加在意物质化的享受，但是历

图10　卢森堡大公广场的儿童角

史文化的价值对于延续今天人们生活的真实感仍然有着特别重要的意义。这一点可以从孤儿、养子对自己身世的不断追问中可以感觉出来，也可以从物质生活普遍富裕之后仍然存在的焦虑、郁闷状态中感觉出来。

而相对于其他城市空间，由于较少功能性的担当，及户外活动非限定性的特征，使得城市户外空间设计应该，而且相对也较方便地担当起展示、传播文化包括地方文化的责任。北京市甚至都有了“文化造园”的规定。

无疑，由于有着文化的注入，户外空间设计也就摆脱了单纯物理性空间，而有了更多意义的担当。从而使得场地的时空信息都可得到拓展，境界也得以提升。在巴黎战神广场前的大草坪上，建设了一处钢与玻璃的构筑物。“和平”以各种文字和字体涂写在林立的钢柱上、宽厚的墙体上以及透明的玻璃隔墙上（图11）。于是景观层次增加了。战神广场一侧原有的古典风格的荣军院在若干年后有了对话的伙伴。“战神”也在若干年后等来了“和平”这一回应。从而给场地增添了特别的含义，提升了空间境界。

上海近期的公园建设似乎更多地流露了对这个城市往昔的某种记忆。我们可以在陆家嘴中央绿地一侧（图12）、延中绿地一侧、静安公园的一角（图13）都能发现特意建筑的旧式的上海民间建筑组群，也因此在高速度运转、变化的城市生活中找到一些不变的原点，安顿一些往昔的情怀。

2.3　生态的空间——绿色空间的营建

生态意识的高涨首先在于生态问题的凸显。同时也在于现代人对人与自然关系的重新体认——知道人确实是无法离开自然环境而独存的——包括在文化心理方面。由于在人类文明漫长的演进史中，绝大多数的时间，人都是与自然相伴而行的。许多自然物和自然场景都已深深地打上了文化的烙印。

同样，相对于其他城市空间，户外空间可以更多地为自然物种提供生存栖息的场地，为自然场景提供展现的空间，所

图11　巴黎战神广场的和平屋

图12　上海陆家嘴绿地一角

图13　上海静安公园一角

以，将“生态”的观点作为户外空间设计应该遵循的一个原则就是理所当然的。

同时，还应将城市户外空间与生态保留地、自然保护区及风景名胜区作出区分。因为，一般而言，城市中的户外空间的面积是有限的，周边环境对生物而言更是恶劣的，因此它对生态保全功能的担当也是有限的。尤其是对于面积较小，又有特别活动要求（如商业街的人流穿行和购物行为的展开、广场的聚会要求）的城市户外空间，满足人的行为要求仍然是第一位的。

3　讨论

在这篇文章中，我试图以“自由”与“责任”这一对彼此间具有内在张力的词语来概括、说明当代城市户外空间设计的现实境况及可能的方向。

其中，对“自由”的论述总有一种欲言又止的感觉。一方面，对于我们这个传统文化特别深厚，动辄就以“世界园林之母”自居的国家，强调“自由”，无疑可以增加设计者对传统文化不能涵盖的现实生活的关注、对自我内心的关注和真实反映，从而使得设计更加鲜活而灵动。因而具有特别重要的意义。而另一方面，由于“自由”又很容易流于放任，归于虚无，从而使得对“自由”的坚持可能会变得荒唐和怪诞。因此同时又找出“责任”来加以限定。文中对“责任”概念的运用无疑具有更多肯定含义的理由也在此。当然中国传统文化向来讲究勇于担当是另一个理由。

如果上述思路可以理解，那么，就又带来了一个问题，就是“自由”与“责任”的平衡出现在何处？或者说放飞风筝的线儿究竟该怎样松紧？

也许，根本就不存在什么固定的答案。也许保持设计的鲜活与灵动，同样也在于对这种平衡的微妙把握。一个目标就是，让风筝和人都能轻松、快乐。

参考文献

[1] 王晓俊．西方现代园林设计[M]．南京：东南大学出版社，2000.

[2] 迈克・费瑟斯通．消费文化与后现代主义[M]．刘精明，译．南京：译林出版社，2000.

归位城市，进入生活[①]

——城市公园“开放性”的达成

Homing in the City and Blending with Living

— The Realization of Openness of City Parks

摘　要：从公园服务对象的拓展和公园与城市关系的改变两方面简述了对“开放性”认识的变化，指出在落实人本思想的今天，城市公园“开放性”的表现是归位城市空间，进入市民生活。讨论了新时期公园的“开放性”在空间开放、功能设施共享、价值取向3个方面的实现。

关键词：风景园林；公园；研究；城市公园；开放性；人本主义

“开放性”本身是城市公园的应有之义，甚至可以说是立身之本——所谓公园就是指“向公众开放，以游憩为主要功能的城市绿地”。

但是事实上，对于“开放性”的认识却也是个历史的过程，不同时期对“开放性”的认识不一，直接带来不同时期建设的公园在服务对象及服务内容方面的差异，进而也反映在公园形态、面貌方面的不同。

1　对“开放性”认识上的变化

1.1　“游人”+“路人”+“过客”——公园服务对象的拓展

强调公园对公众的全面开放，并不妨碍公园可能存在有目标人群（包括分区域和分时段的）。比如儿童游戏区和老人活动区的服务对象就会不一样；同一场所早晨有较多的晨练老者，而晚上可能就是以家庭为单位或青年情侣为主的人群。

对游人开放是否就是公园服务的全部内容？或者说，公园将其视线全部关注于“游

① 原文发表于《中国园林》2005年第6期。

人”的感受是否足够？应该说，在强调公园多元价值的今天，一个完整意义上的公园的服务对象，除了“游人”——这些以公园的场地、设施或者提供的活动内容为特定目标的人群，还有两方面的人群需要关注——即“路人”和“过客”。

因为公园不会存在于真空中，它必处于城市的某个地块，以道路与其他用地相隔离，也相联系。所谓“路人”指的是从公园边界路径上经过的人。公园边界的景观形象和场地内容必然会对路人产生影响。反过来，他们也会因此对公园提出要求。事实上，这是一个比专门来公园游玩的游人数目大得多的人群。而在早期的公园建设中，对这部分人群基本上采取的是“不视不见”的态度——因为那时的公园有围墙挡着。

“过客”在这里特指那些利用公园的步行系统穿越公园的人群，也包括那些只在公园中做短暂停留的人。对于有一定规模，或具特别形态（比如带状），跨越两三个街区甚至更大范围的公园，其穿行压力也是必然的。机动车交通可以通过周边道路整体解决，而步行系统若也采取相同做法则太过迂回，且不人性化。早期的公园建设对这部分穿行人群基本上也是采用回避的态度，是被动地应付，而不是主动地接应。

因此，“开放”首先应包括对路人和过客的开放，从而直接扩大公园的受益人群，增加其使用价值。

1.2 “外在”→“内在”→“融合”——公园与城市关系的改变

当公园仅仅关注游人在其内部的感受时，公园与城市就是互为外在的。两者的关系在早期是城市为公园提供用地和道路接入口，公园为城市提供迥异于城市的自然景观和活动。公园所着意强调的只是它是个超脱日常生活的所在——背对城市，面向田园，并被冠以“天堂”等各种梦幻般的名字。

在第一个现代意义的公园——纽约中央公园里，我们也可以发现种种痕迹。公园与城市以城市道路为界，互不侵犯，互不相干。当初在两者之间还存有一圈围墙，它们之间的隔膜也是可想而知的。在当时，纽约人前往中央公园，还需在周末做特意地安排，穿着礼服前往[1]。

公园与城市的关系在以后强调公园间的整体性时有所进步，但仍未得到根本性突破。在行业以外的人群中，往往把公园看作两种形式：在一些人眼里，公园是可有可无之物——它只是一种未被建筑物覆盖的临时用地形式——当然，这种情况近年来已大有改观；在另一些人眼里，它又被冠以“天堂”等各种充满无限理想的字眼，专注于“自我”的实现——这种想法在日益加强——由于同时期城市境况的糟糕，围墙这时候出现在公园与城市之间，也出现在公园与大众生活之间。

即使是业内人士，他们在面对外部城市时，心态也是复杂的。一方面，外部城市决定了公园存在的必要性；另一方面，在空间有限的城市中及经济发展优先的观念下，公园又要时时面临被外部城市空间蚕食的可能——围墙在这时也一样必不可少。

直到20世纪90年代中期，这种来自于传统的“大院”心理和“围墙”态势还与当时的“单位”管理体制结合，使公园与城市中其他“单位”一样，并不重视与外界的联系，安守着自己的空间。

20世纪70年代末期，欧美开始了“城市设计”，中国这一时期则可从20世纪90年代中期以后计算。这个时期，由于科学技术进步、生产方式变更带来经济、社会的发展，使居民闲暇时间增加。消费时代的到来[2]及诸多环境和社会问题的突显，已经对城市的概念和追求产生了相当的影响，也对城市提出了新的要求。一个突出的变化即强调“回归人本”——这是以前对单纯追求经济发展所产生的后果的一种反思。结果就是人及人的行为和情感重新成为城市的主人。另一个变化就是对“整合”观念的强调——这是对由分析哲学占主导思路的科学理性主义的反动。而“城市设计”——关注城市公共空间品质——恰好可以同时满足上述两点。

在这个背景下，公园设计也开始将“注重街区”的因素考虑到设计中。事实上，公园与相关地块在空间、用地性质上的连通确实也应是公园整体性考虑的内容，而不是仅局限于公园体系及公园与绿地系统自身的完整性。这种努力，还可使公园成为一块融合周边城市空间的场地，成为组织城市空间的手段。

图1　中国台湾大安公园的共享界面

目前看来，所谓公园与城市两者间的“融合”，如果要在整个城市尺度内实现，还只能是个理想。

2　公园“开放性”的达成——相关案例解说

2.1　空间上的开放

2.1.1　边界的开放——构成积极的共享地带

作为两种不同性质地块的交界地带，边界往往具有特别的“边缘优势”，有着特别的价值。在早期的公园建设中，由于前述之种种原因，对边界多采取消极的态度，往往是以各种材料一挡了之。而如果以开放的心态去考虑公园与城市

图2　温州九山湖公园二期

图3　南山路透视雷峰塔

的关系，则完全可以积极地看待边界的特别条件，构筑彼此之间的共享空间，包括视线、景观和活动等方面。

中国台湾大安公园将其四周的人行步道都做了拓宽处理，并安排坐椅等休息设施。同时绿化用地也做了一定的退让，面向城市道路的一面有一定的层次变化，避免背面示人产生的隔离效果（图1）。

温州九山湖公园二期则利用其东侧接临老区街巷的条件，将用地做更多后退，拓宽沿线的人行步道；同时在地面处理和小品设置方面考虑提取和反映旧城居住气息，延续旧城脉络，从而在公园与东部居住用地间构成一条积极的共享地带，既提高了公园的使用价值，也提升了周边的居住质量（图2）。

利用水面做公园与外部城市间的"中介"也不少见，且效果尤佳。由于水面的存在，公园与城市间的分隔明显。但同时由于水面低于视平面且具有特有的水景效果，公园与城市间的视线交流和景观互借更加充分。一个经典的案例就是杭州西湖，道路仅环湖一圈，西湖的气息就可因借路边的水扑面而来（北山路和湖滨路原本就滨水；南山路在南线改造后，西山路在西进一期工程完工后也可看到更多水面，图3）。作为对比，沿嘉兴南湖一圈，看到更多的却是围墙和树篱，游客甚至怀疑是否已到了南湖边。两相对照，哪种景观效益发挥得更快，对城市形象的提升作用更大，是不言自明的。

事实上，作为古典园林典范之一的苏州沧浪亭，也是因为其一侧的水面和临水而建的复廊（不是一般的围墙或单廊）使其获得了其他私家园林难以具备的开放气度（图4）。

图4　苏州沧浪亭

2.1.2 内部空间的开放——对外部步行系统的积极接纳

所谓空间的开放，不仅仅指其外部边界的开放，当一个公园由于特别的形态（比如跨越两三个街区的带状公园）或特别的区位（交通复杂地段），需要考虑外部人群的穿越时，公园不能因为一己之“私”，以“保证内部空间的完整”为借口，而拒不接纳。

温州九山湖公园一期工程总面积15公顷，最长处900余米。公园原为民宅集中地块，有三牌坊路斜穿用地。在设计之初，就将这条道路的保留纳入了总体考虑，认为保留它可以同时起到3方面的作用：文化上的延续——在新公园中保留老街，可使历史在一定程度上得到真实的延续，丰富并扩大公园所包含的时空信息；情感上的认同——作为“变化”中的“不变”，其保留是对当地居民的一种尊重，易于得到人们情感上的认同；交通上的联系——公园两侧的步行街可就此得到沟通，也因此增加了人们利用公园、亲近公园的机会——事实上，穿越的外部人群数量的增加可以视为公园服务人群的扩大（图5）。

上海徐家汇公园则以高架步道的方式解决公园东西方向的穿行，也为公园自身增添了一道新的景致（图6、图7）。

图6　上海徐家汇公园（一）

图5　温州九山湖公园一期

图7　上海徐家汇公园（二）

图8　上海静安公园

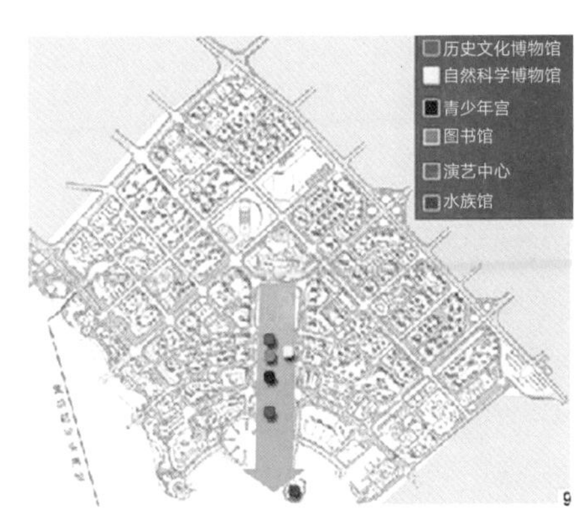

图9　深圳宝安新区城市设计

2.2　功能设施的共享——对城市生活的多位支持

1992年颁布的《公园设计规范》顾及当时城市公园现状，其第2.4.2条明确规定了不准设置与公园性质无关的设施，以杜绝城市公共设施变相侵占绿地的情况发生。从公园的角度来说，这当然是正确的，不过，即使这样，公园也还可以为城市提供更多的公共服务，比如一些功能设施（如公厕、茶室）的共享。

一般认为厕所总应该默默待在某个角落，以备人们的不时之需。而公园的茶室也是个清净的所在，理应位于公园深处才是。但是上海静安公园却有不一样的安排。公园总共设置了3处公厕、3处茶室（咖啡馆、酒吧）。除一处酒吧置于公园深处外，其余5处公共设施都直接置于入口，一个直接的效果就是扩大了它们的服务范围，方便了路人的使用。这并没有对公园造成什么损害，还因此腾出了内部空间，安排了其他的景观内容（图8）。

而且，如果从城市的角度以更开放的视野看待公园的“性质”，公园和城市、城市生活的关系是可以更加紧密的。芝加哥的总体规划在这方面是个成功典范。早在1909年，芝加哥就以立法的形式将沿密歇根湖滨长32千米、宽1千米的“黄金地带”规定为公共绿地，但是允许如体育场、美术馆、水族馆等公共项目在此建设[3]。这样安排的出发点是强调城市公园与其他城市公建在提供“公共空间”方面的一致性，共同打造城市的“公共生活走廊”。

这种做法近年来也为国内一些城市的新区规划所借鉴（图9）。可以想到，当这些项目彼此交织映衬，互为依托，最后都在此实施时，为市民提供的就不仅仅是一片风光独好的绿地，更是一片与市民文化和休闲生活密切相关的交往空间。

2.3　价值取向上的交结——回归人本、进入当下生活

传统园林与城市间不可能真正交融的深层原因在于各自坚持的价值取向不一，以至背道而驰。

图10　杜伊斯堡钢铁公园

众所周知，指导中国传统园林与城市建设的文化是不同的。同样，指导传统城市公园与工业化城市建设的思想也是不同的。前者是唯美主义，是田园情调的——它在墙里孤芳自赏；后者是功能主义，是“不讲情面”的——它在门外不以为然。

因此，早期的园林（无论是私园还是公园）在城市里总是孤独的，并且享受这种孤独，还将此标榜为自己独特的景致和品位——这就是对某种理想境地的过分沉溺，以为对景观的表现或某种文化意念的传达是最重要的，而表现的方法也是惟一的。

今天的公园如果还以此来标榜自己，就有些病态了。原因来自于两个方面：一是由公园为公众服务这一性质决定的，它不应单纯是设计师或主事者个人的某种“理想”或者“癖好”的产物，它必须能与大众和时代产生交流而发生共鸣；再就是今天的城市也开始认识到自己同时也是作为人居环境而存在、被建设的。终于，公园与城市开始拥有了共同的价值基础，这就是人本思想在现代城市与现代公园中的回归。

产业地景观类别[4]的出现就是公园与城市合作的一种现代产物。这里，工业文明第一次在公园里得到追认，并成为表现的主角。于是我们看到整个钢铁厂的设施可以被整体保留而成为公园的景观（图10）；货运码头处的铁轨和龙门吊可以被保留下来单独展示力量——包括光阴的力量（图11）；煤气厂的压缩机和涡轮机甚至被抹上各种亮丽色彩，一改曾经的灰暗形象（图12）。而在以往，它们总是成为公园批判和极力逃避的对象。

图11　甘特里广场州立公园

图12　西雅图煤气厂公园

公园系统中公园与公园之间的整体性外（公园系统的建设），还必须关注公园与周边街区的融通（具体单体公园的建设）。

（3）公园开放性所涉内容，至少包括空间方面的开放、功能设施方面的共享，还应该包含文化取向方面的一致。从而最大限度地提高公园的使用价值及与城市文化的对应。

响应人本、归位城市、进入生活，公园因此将获得广阔自由的表现天地。

人本思想贯彻的自然结果，就是以开放、平和的心态对生活而不是景观、对当下而不是过往的加倍重视。公园的目光终于在自然和历史文化这两处传统视界之外，发现了一处新世界——我们生活的真实世界——虽然平常，甚至丑陋，同样也值得珍视。

3　结语

就城市公园的开放性而言，有几个有意义的结论：

（1）公园建设的背景，无可避免地要求它应与城市构成良好互动，而不是似私家园林那般“孤芳自赏”或传统城市公园那般“故步自封”。它的开放性是多层次和多方面的。

（2）公园开放性的实现层次除了考虑

（注：本文与李永红合著）

参考文献

[1] 朱建宁．探索未来的城市公园——拉维莱特公园[J]．中国园林，1999（2）：74-76.

[2] 赵鹏．自由与责任——当代户外空间设计[J]．昆明理工大学学报，2002（27）：94-98.

[3] 张庭伟，等．城市滨水区设计与开发[M]．上海：同济大学出版社，2002.

[4] 王向荣，任京燕．从工业废弃地到绿色公园——景观设计与工业废弃地的更新[J]．中国园林，2003（3）：11-18.

景观设计与材料的进化
——设计师的材料意识及其对材料的开放性使用

The Material Consciousness of Designers
— Landscape Design and Progress in Materials and Technology

摘　要： 材料是景观表达的物质基础。设计师的材料意识，是指设计师对材料作为景观建设的物质基础这一内容的主动认知和掌握。每个材料都有自己的性格、支持或限制特定情绪的表达——这是材料的基础意义和决定作用。对材料的开放性使用，包括对新材料的探索性使用，也包括对已有材料的创造性使用，这在于设计的先导意义和着力所在。有利于景观营造全生命周期的绿色环保材料、耐用户外材料，或者可以表达特别审美意趣的材料和工艺是真正值得创新的方向。

关键词： 材料意识；材料的限定性；材料的开放性使用；玻璃；清水混凝土

1　材料是景观表达的物质基础

1.1　设计师的材料意识

景观设计不是观念性的，材料对于设计的表现是基础性的。即使是观念性的艺术，比如写作，写作文的时候老师会告诉你，写记叙文的时候需要素材，素材就是材料；写议论文的时候，论据就是材料。如果说是创制雕塑，对同一个题材，用青铜、泥土、石头等不同的材料来表现，效果都会不一样。对于景观设计师而言，所谓材料意识，就是指设计师对材料作为景观建设的物质基础这一内容的主动认知和掌握。一个完整的设计过程，需要设计师既要重视材料的运用和组织，也要重视材料的获取，并审视最终的效果。

1.2　工欲善其事，必先“知”其器

材料，包括天然材料，首先是存在于我们的现实世界中，同时也逗留并参与构筑了我们精神世界。尤其是经过长期的实践，我们可以发现，每个材料都有自己的性格，支持或限制特定情绪的表达。如我们发表观点时，常引用成语“抛砖引玉”来

图1　何陋轩——竹子与茅草构建了一处富有中国文人气息的景观

表达自谦，这其实就是一种材料意识的明确流露，是“砖”“玉”两种不同材料所对应价值意趣的自然延伸。当更多材料以不同方式组合后，意趣会更加丰富，指向也会更加明确。具体到对景观环境的描述时，粉墙、黛瓦和小桥、流水的组合，呈现的就是江南的意象；而厚墙、小窗与长河、落日一起，展示的就是塞北的风光。此外，“故家乔木”和“树小墙新”则加入了时间的因素，分别有着明确且不同的指代意味（图1）。

1.2.1　流水别墅的岩石

“对于创造性的艺术家来说，每一种材料有它自己的信息，有它自己的歌”“每一种材料有自己的语言，每一种材料有自己的故事”——这是秉持“有机建筑”理念的美国建筑大师弗兰克·劳埃德·赖特（Frank Lloyd Wright）的材料观。这一点在他的代表作——流水别墅——的设计中体现得非常充分。仅仅从视觉讨论，这个建筑给人的第一印象就是整个建筑凌驾于山涧流水之上，几层水平悬挑的错落平台则更加加强了这种感觉。而作为平衡，人工砌筑的当地毛石墙体则提供了令人必须信服的承重支撑体系，并呼应所在的山石环境，让建筑产生一种生长的感觉（图2）。尤其是壁炉前面保留的两块石头，则进一步焕发出了一种让

图2　生长在山林与岩石中的流水别墅

图3　自然岩石在室内的出现，焕发出的是一种与人天然亲近的温暖

人天然亲近的温暖（图3）。

1.2.2　巴黎战神广场上的玻璃

在巴黎的战神广场的大草坪上，有一处钢与玻璃的构筑物，“和平”以各种文字和字体涂写在林立的钢柱及宽厚透明的玻璃墙上，于是景观层次得以增加。在材料上选用玻璃也是深思熟虑的结果，“和平”与“玻璃”一样是易碎的，需要我们每个人去呵护与珍惜。玻璃是一种透明体，与石材建筑形成了强烈的对比。战神广场一侧原有的古典风格的荣军院也在若干年后等来了“和平”这一回应。从而给场地增添了特别的含义，提升了境界空间（图4）。

2　设计的主动性——对材料的开放性使用（以玻璃和混凝土为例）

由于技术的发展以及新材料与新工艺的应用，现代园林设计师具备了超越传统材料限制的条件，通过选用新颖的建筑或装饰材料，达到只有现代园林才能具备的质感、透明度、光影等特征，或达到传统材料无法达到的规模。同时，必须承认，除了对新材料的大胆使用外，设计的主动性还包括了对已有材料的创造性使用和复合性使用。

2.1　玻璃

玻璃除了以界面的形式出现外，还可以同时利用特种玻璃的高强度承载力和足够的透，也即透明度。在开化某广场设计上，因为面积有限，设计利用玻璃的承载力和透明感将其做成平台，既可以满足人活动需要也可以给玻璃下面水的表现留下了空间，同时还增加了一种特别体验。2006年6月份对游人开放的美国科罗拉多大峡谷上U形玻璃观景台，高1200米，搭建在大峡谷的西侧谷壁上，给游客带来了难忘的体验（图5）。当然，这种材料的选择和使用需要建立在对玻璃承载力足够信心的基础上。

图4　“和平”与“玻璃”一样都是易碎的

图5　玻璃的“高强度”对于“易碎”概念的突破带来的新体验

2.2　混凝土

现代意义的混凝土在19世纪出现后，因其取材方便、施工便利、适应性强、耐久性好，迅速成为全球使用最为广泛的建筑材料。在形成坚固耐用形象的同时，长期以来也成了原始、粗糙甚至粗野的代名词。但即使这样非常普通，且似乎被完全定性的材料，也仍然可以通过设计师的创造性使用而产生别样的效果。

被称为“混凝土诗人”的日本建筑师安藤忠雄就让混凝土一改廉价、粗野的形象。带圆孔的清水混凝土墙面是安藤建筑的显著外表，这种墙面不加任何装

图6　清水混凝土，以清晰的面目传达某种更具丰富度的含义。许多设计师热衷于使用混凝土，但一些设计师还不能正视，不能忍受混凝土的面貌

饰，墙面上的圆孔就是残留的模板螺栓。经过他处理的混凝土通过形体的变化、光影的变化具有丰富的表情，近看可以发现混凝土表面细腻的光泽看上去好似软玉。如果再加上其他一些材质的对比，那么这个场所会变得更加生动、立体，这些共同造就了“安氏混凝土美学”（图6）。

事实上，除了柯布西耶发现了混凝土的奔放粗野，安藤忠雄发现了混凝土的静穆诗意，后来的扎哈则发掘了混凝土的流动清灵——正是设计师这种对普通材料开放

图7　生态理念指导下的自然功法

性、创造性的使用，打破了材料的日常意向，也为作品带来了别样精彩——而这也正是设计的先导意义和着力所在。

3　新材料、新方法、新工艺之“新”——“新”在何处?

“新”不能为“新”而“新”，这其中还有价值取向的问题需要讨论。

在现在资源很匮乏的年代，有着生态环保价值的新材料和工艺应被大力提倡。包括应对水资源和能源缺乏的“分质供水、中水利用、太阳能”等技术的运用，强调减少材料损耗和资源再利用的“通用材料及可回收材料”等材料的使用以及强调自然做功的“生态驳岸和透水铺地”等自然功法的使用（图7）。

同样，作为户外场所和公共场所，景观材料的经济性和耐用性的增加也应是“新”的追求之一。

当然，能够带来美学上特别体验的材料，包括逼真的仿照系列（仿木、仿石等）以及反映当地特色的地方工艺和地方材料，也应被好好研究——因为这是风景园林行业当然的一种追求。

4　结语

每个材料都有自己的性格，支持或限制特定情绪的表达——这是材料的基础意义和决定作用。对材料的开放性使用，包括对新材料的探索性使用，也包括对已有材料的创造性使用——这在于设计的先导意义和着力所在。有利于景观全生命周期营造的绿色环保材料、耐用户外材料，或者可以表达特别审美意趣的材料和工艺是真正值得创新的方向。

（注：原文为浙江省风景园林学会和杭州风景园林学会于 2006年联合主办的“风景园林新材料、新工艺、新方法应用”研讨会上的主旨发言）

开放空间与市民休闲生活①②
——谈杭州西湖的公众属性

The Open Space and Civic Leisure Life
— On the Public Attribute of West Lake in Hangzhou

摘　要：开放空间的一个重要属性是它的公众属性，公众属性是开放空间活力的保证。杭州西湖的公众属性表现在长期以来对大众户外休闲生活全方位的支持。这也是西湖成名多年之后仍能魅力依然，且能活力不断的一个重要原因。西湖公众属性的充分发挥得益于紧密相依的城湖关系、以水为主山环水抱的景观格局以及相当规模的环境容量。这一古代中国难以表现出来的普惠大众的公众属性，进而影响到杭州城市性格的塑造。21世纪以来西湖综合整治建设所树立的“以民为本，还湖于民”的理念就是对西湖公共属性的主动认知和提升，是对西湖资源的最大利用和西湖价值的最大发挥。

关键词：风景园林；开放空间；公众属性；杭州西湖

1　开放空间与公众属性

就城市而言，开放空间意指城市的公共外部空间，相对于建筑实体之外的虚体空间，包括公园、自然风景（水域、山体）、广场、街道等。与绿色空间强调空间的自然要素不同，开放空间强调的是空间与人的关系——首先，开放空间是人可进入、为人使用的，供人们自由交谈、游憩、活动的可及性空间，区别于仅仅强调自然保护方面的绿色空间；其次开放空间是对所有人的开放，区别于专属于特定人群的绿色空间。严格来讲，原先的那种围墙围着，开几个口子凭票进入的所谓“公园”是不“公”的，不能完全算做开放空间。

开放空间的一个重要属性就是它的公众属性[1]，是公众属性使得开放空间凸显了存在价值和意义——也是某个具体开放空间人气和活力的保证。通过开放空间，完成了诸多如信息传递、情感交流、知识传播、公共意见交换、生活经验累积等社会交往功能。对于杭州西湖而言，也是如此。西湖是杭州最大最美的开放空间。成名多年，还能魅力不断、活力依然——在众多老牌风景名胜纷纷落马的情况下，西湖仍然荣登由《中国国家地理》发起的“选美中国”中“最美的五大湖”之榜[2, 3]——除了其众所周知的秀美的自然景观、深厚的历史文化沉淀之外，在我们看来，更在

① 本文已发表于《中国园林》，2008年第1期。

② 获浙江省自然科学学术奖三等奖（2010年），并收录于《杭州西湖文化景观申遗文本》。

图1　杭州地图[4]

于她紧密一体的城湖关系所带来的对历代杭州市民休闲生活的深刻塑造，也即她在对大众户外休闲生活全方位的支持中所体现出的公众属性。

2　风景与城市

当然，讨论西湖活力所依据的公众属性的来由，答案不会仅一句“紧密的城湖关系”这么简单。中国有那么多的风景旅游城市，那么多的历史文化名城，还有那么多的“西湖”，怎么就独独成就了杭州的这个西湖——所谓“天下西湖三十六、就中最美是杭州”（苏轼语）。在这里，城湖关系所依据的区位条件只是个基础，此外杭州西湖自身的景观特征和环境容量也为此作出贡献。

图2　涌金门城楼，清代城楼有楹联曰：“长堞接清波看水天一色，高楼连闹市绕烟火万家”

（1）区位关系紧密优越

西湖的命名是以城市为依据的。“三面云山一面城”，城在湖东、湖在城西。西湖与城市相依，互为映衬，互相借用。城市因湖山而景观化，成为山水之城。西湖因城市而获得了便利的交通、基础设施条件，以及大量的使用人群（含游人和市民）。北宋·欧阳修在《有美堂记》中说明杭州的特别优越之处，就在于它是一座兼具都市繁华与山水至美的城市——“四方之所聚，百货之所交，物盛人众，为一都会，而又能兼有山水之美以资富贵之娱者”。

如果考虑到在1912年以前，城湖之间还有一道高大的城墙的围隔，杭城和西湖就能发生如此的关联（图1、图2），那么在这之后（1913年开始），随着城墙的拆除，湖、城打成一片的局面也就可想而知。今天，湖滨地带成为这个城市中最有活力的地段之一——宽阔、贯通的景观活动带贴临湖水生长，之后是公共建筑、商业休闲建筑等，进一步突出风景区的活力，刺激了城市的繁华（图3）。

紧密的区位关系，使得城湖之间更易互

图3　活力湖滨

图4 城湖关系

动，各自也因此成为对方的有机组成部分。

可以对比一下绍兴的东湖与绍兴城。由于彼此相隔较远，到达不易（不似杭州，信步就可走出城市，走进风景），虽然也同样具有优美的景观和丰富的人文，但城市和风景间的关联度大大降低，彼此之间也仅仅是一个提供中转站，一个提供游览地。服务对象也因此较局限于外地游客。

（2）景物特征易于融入城市格局，同时又不会迷失自身性格

拥有良好的区位，仅是构筑密切的城景关系的基础。不同特质的景物也会对城景关系产生不同的影响。在这方面，西湖要感谢自己的山水特征。

西湖的景观特色是以广阔的湖面为中心，以自然山体为背景的山环水抱的格局。"湖上春来似画图，乱峰围绕水平铺，松排山面千重翠，月点波心一颗珠"[①]。湖水平如镜，空间开阔、深远，湖水直接贴近城边，城市里居住着若干需要这湖水滋养的人群。

在东部密集的城市建筑和更西部层层群

① 白居易，《春题湖上》。

山之间，是这样的一片低平阔大的水面。于是视线可以穿越，交通易于通达（不似山路起伏），空间利于渗透——城景关系当然也易于密切了（图4）。

以水为主的景观特征使得西湖易于融入城市格局。如果西湖是以山岳景观为特征的呢？考察一下泰山与泰安。两者之间也拥有优越的区位条件。泰安就是在泰山脚下发展而来的城市，但至今也只能成为一座旅游城市，泰山是不能进入泰安人的日常生活中去的。在这里，大山的体量和高度成就了山的神圣，却也断绝了常人前去休闲的念想，泰山自身也只能成为泰安城的一个背景。

当然，背景也是有价值的。所谓“三面云山一面城”，如果将西湖三面的云山都去除，或者只去除其中的一面，西湖的自然气息也就大打折扣。西湖南北分别有宝石山、吴山护佑，西边则山峦叠翠，绵延数里。它们除了提供竖向上的高度，形成必要的空间围合度外，彼此之间还共同组成天然屏障，特别是南北两山，有效地抵住城市的蚕食，使西湖的面貌得以完整。

于是以水为主，西湖融入了城市；同时

图5　各异的风景单元、丰富的景观组合及多样的户外活动

山的存在，又使西湖建立了自己的尺度和刚度，并且不易被城市“吞并”。

（3）环境容量大，城湖相称；景观类别多，支持了丰富多样的休闲活动

西湖水面约6平方千米（历史上曾达10平方千米）。湖山一起有近60平方千米的规模，瞬间可容纳数十万游人。这是个相当可观的数字，也是个与杭城自身规模较相称的容量。

也因有了较大的容量，所以即使在“一半西湖一半笆，筑笆都是官宦家”的古代，也可以依靠湖边、路边、山上为当时的市民留下较多的户外休闲空间，何况湖区的核心部分还是开放的。

相比较而言，昆明的翠湖、济南的大明湖在环境容量方面的局限，也使得它们对所在城市景观的影响只能是局部的，不会像西湖，可以对一个城市的文化、生活产生那么全面而深远的影响。

另一方面，广达60平方千米的湖山胜迹的景观类别也异常丰富，包括山林地、湖、溪、涧、平坦地等。甚至有人说“西湖之胜，不在湖而在山”①。如此各异的风景单元和更多样的景观组合及表现（图5），也自然地为杭城百姓丰富多样的户外游览、休闲活动提供了支持。

3 生活与风景

西湖这样得天独厚，杭州人也一样没有辜负那方山水——他们使自己的生活和这湖光山色结合得如此紧密。《西湖志》卷二十亦有言：“西湖……与杭州风俗之定型，有着不能分割的关系，不少杭州风俗均牵连着西湖”[5]。

（1）服务对象的多样性

中国古代不存在同欧洲的城市广场对应的空间形式，缺乏公共开放空间的概念，一般只有街头巷尾（在城市里）和村头水口（在乡村里）这些偶发的“开放”空间。所有的园林都有具体归属，风景名胜倒是对大众开放，可惜一般都离城乡聚落太远，对日常生活不具意义。

西湖就不一样了。这个家门口的湖从一开始就是大众的。无论是达官贵人、文人骚客，还是英雄美人，都可以在西湖边消磨光阴——隐居也好、游乐也好、打闹也好、发呆也好——都能找到自己的所好。“西湖天下景，游者无愚贤”，这是苏东坡当年在杭州的感叹。所以我们就可以理解被一般人视为“如诗若画”的苏堤在南宋时，一度可以形成集市。《武林旧事》记载清明节前后游湖盛况时就写道：“苏堤一带，桃柳浓阴，红翠间错，走索，骠骑，飞钱，抛球，踢木，撒沙，吞刀，吐火，跃圈，斤斗及诸色禽虫之戏，纷然丛集。又有买卖赶集，香茶细果，酒中所需。而彩妆傀儡，莲船战马，饧笙和鼓，琐碎戏具，以诱悦童曹者，在在成市。”[6]

如此行乐西湖，俨然已是一处和谐杭州的风景了。杭州的市民阶层自然应是其中的主力人群。《儒林外史》描写的许多场景都位于江南经济文化发达地区。其中在描写西湖的若干文字中，就出现了诸如香客、酒保、商人等贩夫走卒类的诸多角色。民国时期的文人郁达夫在一篇提及杭州人力车夫的文字里也有类似的描述——一辆人力车就停在西湖边，不见他去招揽生意，就自顾自地坐在座上，朝着西湖嗑瓜子——等生意来找他。

也正因为这是个谁都能来的地方，民间

① 俞樾，《春在堂随笔》。

传说将白娘子的故事发生地编排在西湖的断桥边似乎就是顺理成章了。除了这里，在古代封建礼教的制度下，还有哪里可以允许青年男女自然接触并进而发生感情呢？

（2）活动的多样性

文载明·祁彪佳在乙亥年（1635年）六月初十的半日生活，“午后，偕内子买湖舫，从断桥游江氏、杨氏、翁氏诸园，泊于放鹤亭下。暮色入林，乃放舟西泠，从孤山之南，戴月以归”。如此半日的山水行程中，历经山居、揽胜、舟游等多种户外活动[7]。

这是白天的。还有晚上的。“岁熟人心乐，朝游复夜游”①。夜游西湖的风俗自唐代就已形成了。明人张岱的一本书就名为《夜航船》。他甚至专门著文——《西湖七月半》——饶有兴致地描写了月影湖光中的世态众生——包括“名为看月而实不见月者”“身在月下而实不看月者”“看月而欲人看其看月者”“月亦看，看月者亦看，不看月者亦看，而实无一看者”“看月而人不见其看月之态，亦不作意看月者”。（其中前4类的行为着实就是今天的大众观光客的行径。）《西湖游览志余》卷二十也记载：“是夕（中秋），人家有赏月之宴，或携榼湖船，沿游彻晓。苏堤之上，联袂踏歌，无异白日。”[8]

如此，西湖雅致的风景因为便于得到文人文化的认同和推介而更加富有吸引力。西湖各异的空间也为杭城市民的各类户外活动提供了支持。加上同时代彼此间的感染和历年的延传，杭州还形成了一系列约定俗成的活动，包括灵峰探梅、平湖赏月、满陇赏桂、花港观鱼等。明·高濂特著《四时幽赏录》，分门别类，认认真真地罗列了以上的林林总总，活像今日的时尚旅游杂志。自认为是大半个杭州人的郁达夫针对于此，动用了“仪式”一词表达感慨——“甚至于四时的游逛，都列在仪式之内”[9]。

西湖的公众属性影响到了杭城市民休闲生活的方方面面。在今天，这种“仪式感”丝毫不减。在新的时期，还增添了太子湾春季看郁金香、梅家坞吃农家饭、西湖烟花大会等盛事，杭州市民对西湖的热情有增无减。于是我们就能在2004年12月29日《都市快报》的头版要闻栏目同时看到2则消息——上面是“做好防冻抗雪，管好吃穿住行，杭州昨发布《市民须知》”，紧接着的就是配图新闻“断桥人不断，争相看残雪”[10]。也可以理解在2006年的5月28日，杭州的报纸会将“今年西湖的荷花今天开了”作为头条报道，还为“荷花宝宝”开了个博客②。

4　回归大众的新西湖

如此，紧密相邻的区位关系是密切的城湖关系的基础；以水为主、山环水抱的景观格局进一步使风景融入城市；而可观的环境容量又可使得西湖能对城市产生举足轻重的影响——其中一大影响就是它表现出了古代中国难以表现出来的普惠大众的公众属性，并进而影响到了杭州城市性格的塑造。

① 白居易，《五月十五日夜月》。
② 夏阳，荷花宝宝的博客。

因此，2002年以后的西湖综合整治建设所树立的“以民为本，还湖于民”的理念就是对西湖公共属性的主动认知和提升，是对西湖资源的最大利用和西湖价值的最大限度发挥——所谓“西湖周边地区的所有资源都是公共资源，要努力实现公共资源最大化、最优化，让广大市民和中外游客共享西湖每一寸岸线、每块土地。”[11]

在2003年的10月1日，西湖环湖公园全部实现24小时免费开放，成为全国唯一不设门票的4A级旅游区（现已升级为首批5A级旅游区），也使西湖的公众属性表现得更加充分。从此，更多的人可以自由出入西湖——不受时间限制，不为围墙所隔，不为门票所迫。在开放的空间里，自由游赏。

免费是很重要的，免费了就会觉得自由。所以，free在英文中就2个意思一肩挑。

（注：本文与李永红合著，2010年收录于“杭州西湖文化景观”申遗文本附录文献）

参考文献

[1] 赵鹏，李永红．归位城市、进入生活——城市公园“开放性”的达成[J]．中国园林，2005（6）：40-43.

[2] 单之蔷．中国的美景分布[J]．中国国家地理，2005（10）：26-28.

[3] 王旭烽．风雅西湖[J]．中国国家地理，2005（10）：125-128.

[4] 杭州市档案馆．杭州古旧地图集[M]．杭州：浙江古籍出版社，2006.

[5] 施奠东．西湖志：卷二十 [M]．上海：上海古籍出版社，1995.

[6] 周密．武林旧事：卷3 [M]．杭州：浙江人民出版社，1984.

[7] 吴智和．明人山水休闲生活[J]．汉学研究，2002，20（1）：101-129.

[8] 田汝成．西湖游览志余：卷二十[M]//施奠东．西湖志：卷二十．上海：上海古籍出版社，1995.

[9] 郁达夫．杭州[M]//杭州市地方志编纂委员会．杭州市志：第十一卷．北京：中华书局，1987.

[10] 傅拥军．断桥人不断、争相看残雪[N]．都市快报，2004-12-29（1）.

[11] 杭州政报编辑部．实施“西湖西进”、建设“人间天堂”，努力把我市打造成世界级风景旅游城市[EB/OL].[2003-09-25] http://www.hangzhou.gov.cn/main/wjgg/hzzb/5754/683/T84172.shtml.

遗址公园：基于遗址保护前提下的城市公共文化、空间建设

Site Park: Urban Public Culture Space Construction Based on Site Protection

摘　要：城市化水平的日益提升和公众文化生活需求的增加，必然带来对空间的集约使用及品质塑造的更高要求。一些原先还可孤离的遗址也应该成为重要的文化资源。遗址本身的脆弱、文化的敏感和资源的珍贵，以及城市文化对新题材挖掘的渴望，使得遗址公园这样的保护及展示方式会有更多实践。在整体保护理念确立的基础上，有关遗址保护和文化活化的讨论必须回到“此时此地此物”中去——保护态度的严谨、理念的开放和行为的务实需要统一在具体的遗址保护和遗址公园建设活动中去。

关键词：遗址公园；遗址保护；文化活化；城市公共文化空间建设

城市化水平的日益提升和公众文化生活需求的增加，必然带来对空间的集约使用及品质塑造的更高要求。一些原先还可孤离的遗址也应该成为重要的文化资源，通过遗址公园的形式，去主动塑造贴近人们生活的城市空间，成为城市公共文化建设中所珍视的新的主题和载体。在遗址公园的建设过程中，我们应该注意3个关键问题：

1　遗址与公园的“跨界合作”

遗址首在保护，务必“存真”；公园强调共享，力求“善美”。而遗址保护自然需要的外部缓冲空间（建控地带），以及公园本有的对文化主题的追求（所谓“寓教于乐”）使得两者之间可以有效“跨界合作”——包括功能上的彼此对接、空间上的相互开放。借鉴“国家考古遗址公园”的定义——“以重要考古遗址及其背景环境为主体，具有科研、教育、游憩等功能，在考古遗址保护和展示方面具有全国性示范意义的特定公共空间”，“遗址”和“公园”的合作无疑可以放大遗址文化的影响力，并为城市的公共文化建设以及城市空间品质提升带来新的机会。

西安曲江新区的建设无疑就是城市建设与遗址保护相互寻找，并以遗址公园这种形式有效连接对方的结果。包括曲江池遗址公园、唐城墙遗址公园、大明宫遗址公园的建设均直接塑造了新区的文化气质，并最终左右了新城空间格局的形成。

2 建设遗址公园首在“保护”

遗址的源头当然是“彼时、彼地”，但对遗址的讨论，特别是对它的保护和遗址公园的建设方式的选择却必须充分考虑“此时、此地”。遗址其本身“体质”、当前状态、病害原因各式各样，即使是专家也需要做针对性地深入考察方可判断。同时这种判断还要契合应该持有的文化立场。

如对“原真性”的坚持是文物保护的第一要义，但是有关“原真”内涵的讨论却极有可能“因人（时）而异”或“因物而异”。这点在文物建筑保护界早期法国“风格派”与英国“废墟派”间的争论中就有足够反映。直到意大利学派才提出需要充分讨论具体历史建筑价值的全部含义，并最终通过《威尼斯宪章》稳定了下来。

即使如此，还需看到在中国文化语境里，对于“原真”会有另外的理解。传统文化中“得意忘形”概念的提出本身就已包含了对形式、材料和细节的潜在忽视。表现在我们历史上可以拥有十数个不一样的滕王阁、黄鹤楼或岳阳楼而不以为意。

同样，人们对包含不同价值的遗址的保护、修复也会有不同认识。所以有关圆明园遗址公园的建设至今还在争论。

因此，我们说，在保护的理念已经确立之后，相关讨论必须回到“此时此地此物”中去——保护态度的严谨、理念的开放和行为的务实需要统一在具体的遗址保护和遗址公园建设活动中去。只有明确了具体对象，判断出了它的全部价值和主要价值，有关保护、展示的讨论才有落脚点。

3 展示文化重在“活化”

在立足遗址文化价值，完成对遗址本体的“此时此地”的判断之后，有关遗址的文化展示，甚至“活化”就是一个需要重点思考的问题。这是有效增加游赏趣味、扩大遗址文化影响力的重要手段。

西安大明宫国家考古遗址公园在“展示”和“活化”方面作了相当多的努力（图1）。为了保护遗址的原真性，避免无文献证实的修复，同时保证未来考古工作的持续开展，在搬迁了4平方千米上的2.5万户居民及400万平方米建筑之后，对遗址进行技术处理并统一覆以草坪，同时通过部分台基和通道勾勒出当时宫殿的格局。但如仅限于此则会过于单调，于是丹凤楼保护罩采用了“类雷峰塔模式”，覆盖在原址以上，罩体则模拟了原丹凤楼的样式，其屋顶、墙身和外部场地统一着土黄色调——建筑仿佛从历史深处走来，一下子就调动了

图1　大明宫国家遗址公园（勒六留　摄）

场地的气氛。此外，紫宸殿的构架和其间大乔木的穿插、局部仿真模型的布置及外部考古探索中心的设置，都增加了游赏趣味，便于相关知识和情绪的有效传达。

杭州万松书院某种程度上也可作为遗址公园。由于更多强调文化价值，所以书院选取了主体复建的形式。在按形制和场地考古信息复建了书院建筑之后，书院还不定期举办了相关国学论坛，以及每周一次全市单身男女相亲会。这些活动的开展，也正是对原先作为儒家文化传播之地和曾同窗求学于此的梁祝爱情故事的某种活化和延传。“万松书缘”也因此获得了杭州市民很高的认可，成了2007年评出的“西湖新十景”之一。

4 结语

目前国务院先后公布的符合大遗址的遗存有583处（2012年数据）。如果再加之各省、市各级保护单位中的古遗址，这个数目会很可观。遗址本身的脆弱、文化的敏感和资源的珍贵，以及城市文化对新题材挖掘的渴望，使得遗址公园这样的保护及展示方式会有更多实践。遗址文化影响力的释放也使城市公共文化建设以及公共空间品质的提升有了新的机会。当然，有关遗址本体的保护不能因为衍生价值的发挥而被忽视，遗址本身的文化影响不能因为放大的需要而被扭曲甚至歪曲。所以，所有关于遗址公园的讨论仍然需要回到具体的遗址本身中去。

（注：本文合作者李永红）

生态文明语境下风景园林的生态价值导向与资源化设计

Ecological Value Orientation and Resource-based Design of Landscape Architecture in the Context of Ecological Civilization

摘　要：本文讨论了生态文明理念与风景园林思维同声相应的关系，并在生态文明语境下，从整体和分类两个维度阐述了风景园林生态价值导向的科学内涵，更将资源化设计视为风景园林设计的一个基础且重要的能力，指出其首先将基地上自然、人工及其相互作用的全部过程与痕迹视作一种“资源”而加以珍惜的保护立场，继而通过对资源的全面识别和完整梳理，在此基础之上作符合目的的巧妙结合与充分转化，从而最大限度地延续场地的自有气息，保育本土的历史记忆，丰富并满足人群对场所新的时代功能的需求，包括新的生态与美学体验。

关键词：生态文明；风景园林；生态价值导向；绿色沙漠；资源化设计

1　同声相应——风景园林思维与生态文明理念

关于生态文明有两个彼此相关基本的认识。即生态文明是人类经过古代文明、农业文明、工业文明之后的更高层次的一种文明形态——这强调的是人类文明的时代演变特征，即认为生态文明是现代文明观的发展，是对之前工业文明的一种扬弃。另一种认识则同时也将其与物质文明、精神文明并置，力求三者间协调与平衡关系的建立[1]。两者的结合，共同指明我们现在进入了生态文明的时代，需要把生态文明建设的理念、原则、目标等深刻融入和全面贯彻到我国经济、政治、文化、社会建设的各方面和全过程，最终推动经济建设、政治建设、文化建设、社会建设、生态文明建设的“五位一体”战略格局的形成。

无论是作为文明发展观还是文明平衡观，生态文明需要处理的核心关系都是人与自然的关系，其基本价值观都是一种“社会—经济—自然”的整体价值观和生态经济价值观，认为人类的一切活动都要服从于“社会—经济—自然”复合系统的整体利益（刘宗超）。当然。这个认识的基础也来源于两个彼此相关的观点：地球整体论和资源有限论——前者强调万物关联，且人类也是地球的一份子；后者则既从绝对尺度也从相对（人的需求）尺度指出自然资源的有限。同时，西方从20世纪30年代开始，中国从21世纪10年代开始频繁发生的“环境公害事件”以及正在演变的气候变暖等全球性生态环境危机更从反向刺激了有关生态文明共识的形成。某种程度上而言，人类命运共同体在环境共同体方面的表现更加直接且鲜明。

风景园林专业具有其特别的专业使命：是综合运用科学和艺术手段，研究、规划、设计、管理自然和建成环境的应用性学科，以协调人和自然的关系为宗旨，保护和恢复自然环境，营造健康优美人居环境（《高等学校风景园林本科指导性专业规范》2013），使其在理解、认同生态文明和绿色发展理念时没有任何障碍，风景园林专业——它天然地就是生态文明的传播者，也必然是绿色发展的践行者。同样，整体论也是风景园林学的认识基础。

对比人居环境学的其他两门学科（建筑和城市规划），风景园林思维更有特别呈现，这就是对自然、文化要素的天然敏感；以及对其中所蕴含的具有时间要素的生命美学的天然接受。尤其是对于中国的风景园林从业者，更还有着来自“天人合一”这样传统文化底蕴的深度支持。所以已故《中国园林》主编王绍增先生曾有言：“（风景园林师）必须对大自然有一种近乎崇拜的信仰，对生命有一种出自内心的热爱，对人类有一种发乎本性的同情”[2]。

当然，在有关人与自然关系的讨论中，风景园林的早期思维中可以带有更多情感色彩，现在则需要更广泛且综合的利益平衡。

2 整体与分类——关于风景园林生态价值导向讨论的两个维度

关于文明与风景园林价值导向的关系，杨锐撰文概括：在早期的采集狩猎文明时期，风景园林的价值导向是食物补充和精神寄托；农业文明时期，个体审美和生活品位逐渐成为风景园林的主流价值观；工业革命以后，公共健康和社会公平逐渐成为风景园林新的价值导向[3]。并指出，上述价值观的变化是一种超越式而不是抛弃式的变化，也就是说后一个文明时期的价值观承认而非抛弃前一个文明时期的价值观。在强调生态文明的今天，其中的公共健康将在继续保障公众的健康之外，也增加了包含提供健康持续的生态系统服务方面的内容。

生态价值成了生态文明时代内涵于风景园林的一种明确的价值导向和统一的主动追求。但在具体实现的过程中，还需注意建立科学的讨论框架，并避免过于热情的错误表达。因为关于生态价值的讨论本身就有着鲜明的地域特色、尺度特征和结构特点，同样也不存在可以跨越不同地域、具有不同尺度、有着不同功能要求却还有着统一的风景园林生态价值实现的样态和模式[4]。为方便说明，我们可以从整体层面和分类层面两个维度作一定展开。

首先，在整体层面上，我们要追求真正“绿色”的风景园林，避免错误地营建“绿色沙漠”——因为“绿色的样貌”可能并不代表“绿色的结构和功能”。比如为某种异域景观打造而有着过多地将外来树种引入的园林，这种总需要额外浇灌、施肥、杀虫，或者格外防冻抗高温的绿色景观不是绿色的；比如为追求绿色快速覆盖而有的大面积的纯林营建，尤其是当树木种类单一、年龄和高矮一致且十分密集时——这种密集而单一的纯林，物种特别单调、结构也不稳定的绿色，则是另一种绿色沙漠。

其次，在具体的园林设计时，还应有分类对待的概念——既要主动追求生态价值的实现，同时还要区别地域、区位、功能、尺度的不同的生态要求，做到不“唯”生态——因为，在除了绿色生态以外，人居环境中的风景园林，还需要同时服务于人的其他美好需求。如同样作为公园绿地，我们对大尺度的公园绿地的生态服务功能要求比小面积绿地要高；即使是同样大尺度，我们对位于大城市的公园绿地的生态服务价值要求也是要比小城市的公园绿地的生态服务价值要求高；而城市中心的公园绿地的休闲服务功能至少不小于它的生态服务功能……

因此，从健康稳定的生态结构和功能角度，我们需要的是“真正绿色”的园林；从和谐的人与自然关系角度，我们需要区别对待不同类型的园林绿地，做到不“唯”生态。

3　万物关联与资源有限——生态文明语境下的风景园林资源化设计

回到关于生态文明认识的两个源头——地球是个整体且万物关联，而（自然）资源又是有限的。从这个方面而言，作为一种资源有限前提下的资源导向型设计，风景园林需要思考如何通过对更多原生资源的利用，以及更少外部资源的投入，来实现人与自然之间的更美好的关联。在这种一多一少之间，需要的就是能够化旧于今，化少为多的“资源化”设计理念与能力。

资源化设计首先是一种理念——即设计师首先需要将基地上自然、人工及其相互作用的全部过程与痕迹视作一种“资源”而加以珍惜，而不是首先将其视为一种可供后来者（无论是设计者还是使用者）任意发挥的白地；资源化设计也是一种能力——只有开阔的眼界和深沉的思考，才能穿透表象深入地识别出场地的全部资源，也只有通过对资源的完整梳理和合乎目的的巧妙结合才算是完成最后的充分转化。“腐朽复化为神奇”可以算是对于资源化设计能力及效果的顶级赞词。

我们现在可以完整地表述何为资源化设计——是指设计首先将基地上自然、人工及其相互作用的全部过程与痕迹视作一种“资源”而加以珍惜，继而通过对资源的全面识别和完整梳理，在此基础之上作合目的的巧妙结合与充分转化，从而最大限度地延续场地的自有气息，保育本土的历史记忆，丰富并满足人群对场所新的时代功能，包括新的生态与美学体验。

由于风景园林是直接与土地和自然相互作用，“资源化”设计能力应是风景园林设计的题中之义，是风景园林设计一项基础且重要的能力。一如风景园林设计的第一原则——“因地制宜”：“因地”对应的是识别资源，“制宜”对应的就是“化”。如果以经典造园著作《园冶》为例，我们会发现《园冶》在《兴造论》之后，是以《相地》开篇的，并分别表述为山林地、城市地、村庄地、郊野地、傍宅地、江湖地。这种对不同土地的“相”法，对应的既是对不同土地的资源识别，也对应着随后的资源价值转化。

需要说明的是，包含资源识别与利用内涵的“资源化”不应被理解为只是被动且局限的行为，更可以是一种主动和开放的创造。其中有关资源识别的价值就更是基础性的。当我们仅以生产功能为唯一或者主要判断依据时，眼前的山可能只是某种矿产资源、森林资源，眼前的水可能也只作为渔业资源、航运资源，而当我们以生态资源、风景资源等来作为判断标准时，我们就会发现不一样的山水价值。进一步深究《园冶》中举凡出现的“随机”“允宜”“无拘”“随宜”等词句，用词虽然不一，但都是对基于资源且合乎目的的主动而“化”的状态的描述。

对于场地中人文资源的识别同样如此，当我们缺乏对时代生活的新鲜感受能力，而只能套用旧式辞章时，可能只有进入通常审美模式中的历史建筑和名人佳句才会被视为资源。但事实上，如果回到生活本身，那么包括土地自身的变迁、百姓当下生活的游移、大众情感的积淀都需要被高度重视和有机梳理——而这在城乡建设整体进入存量时代的今天，更需要我们有这种资源化的理念和能力。风景园林尤其需要这种能力。因此，杨锐也特别指出“区别于建筑和城乡规划学科偏重开发建设，（当代中国）风景园林学首先应重在保护。 风景园林学如果不以保护为优先目标，从某种意义上说，它就丧失了历史使命，也失去了存在价值。”[5]这里面所说的保护，是内涵于包括资源识别、保护、管理、利用在内的资源化理念的。

（注：本文曾在2018年浙江省风景园林学会主办的“践行生态理念，坚持绿色发展——风景园林规划设计”学术会议上交流）

参考文献

[1] 刘仁胜．人类生态文明发展之路——《生态民主》译者序言[M]．罗伊・莫里森．生态民主．北京：中国环境出版社，2016.

[2] 王绍增．论不过分张扬的风景园林师——尊重科学，理解人性[J]．中国园林，2016，32（4）.

[3] 杨锐．风景园林学科建设中的9个关键问题[J]．中国园林，2017，33（1）.

[4] 王向荣．生态无需表达[J]．风景园林，2018，25（1）.

[5] 杨锐，张凌．关于中国“风景园林学”的5个问题[J]．景观设计学，2013，1（4）.

新型城镇化战略下的“风景园林发展”与“美丽中国建设”

“Development of Landscape Architecture” and “Construction of Beautiful China” under the New Urbanization Strategy

摘　要：本文阐述了旧有城市化模式下所积累的生态和人文困境——“环境共同体”的被迫形成和“社会原子化”的恶性显现，重申了在新型城镇化战略指引下，作为人居环境中唯一具有生命的美丽绿色基础设施——风景园林，在构筑“人与自然间美好关联”方面的核心使命，以及在调和“人地关系、人际关系”方面的核心价值。这种“美好关联”既因关乎国家的生态文明建设而特别宏大，也因指涉身边环境的点滴改善而具体可感。文章最后从包括资源识别管理、公共精神培育、原创景观表现等6个方面对新时代的风景园林规划设计发展进行了展望。

关键词：新型城镇化；风景园林发展；美丽中国建设；环境共同体；社会原子化

1　背景——全球历史上规模最大、增量最大、影响最大的“城市化进程”

20世纪90年代，美国经济学家约瑟夫·斯蒂格利茨（Joseph Eugene Stiglitz）曾经预言：“中国的城市化与美国的高科技发展将是影响21世纪人类社会发展进程的两件大事。中国的城市化将是区域经济增长的火车头，将会产生最重要的经济效益。同时，城市化也将是中国在新世纪里面临的第一大挑战。”

因为数以亿计的农业劳动力向非农产业的转移以及农村居民向城市居民的转变，这当然是人类有史以来规模最大、影响面最大同时也是难度最大的一个社会变革。而在经济全球化背景下，中国的经济发展和城市化、现代化进程，其意义已不只限于中国，对世界也具有举足轻重的影响（图1）。

城市化水平超过50%不是简单的数据上的改变。它同时意味着人们的生产方式、职业结构、消费行为、生活方式、价值观念都将发生极其深刻的变化。尤其是中国的城市化还同时具有世界其他地区所不具有的两大特征：

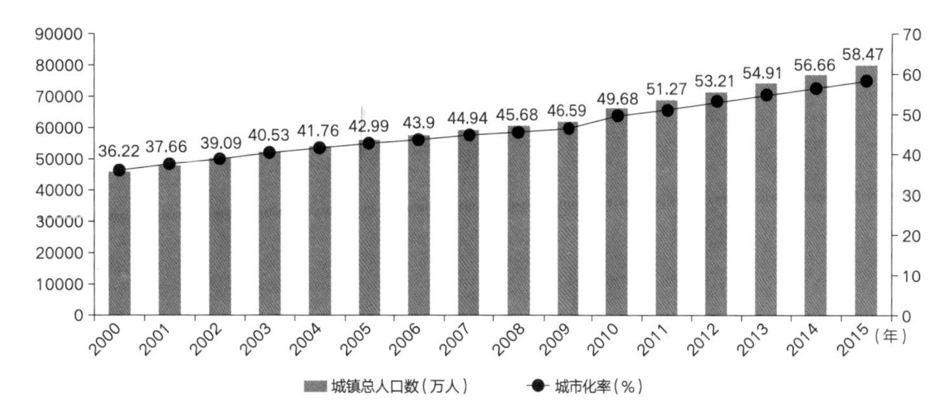

图1　2000—2015年全国城镇人口数情况①

（注：2012—2015年为测算值，未对外来人口及新增城市人口作区分）

（资料来源：《中国统计年鉴2011》、2011年统计公报、第六次全国人口普查）

——快：世界城市化率由30%提高到50%平均用了50多年时间，英国用了50年，美国用了40年，日本用了35年，而中国仅用了15年，2012年中国城市化率已达到世界平均水平。

——多：1978年中国只有1.72亿城市人口，2012年中国的城市人口有6.9亿人，30年时间增加了5亿人，比欧盟总人口还多。

城市化进程之“快”与“多”，既为中国的经济社会发展快速积累了巨量的财富，也同样为中国的进一步发展积累了众多弊端。中国科学院于2012年发布的《中国新型城市化报告》，明确将其概括为五大战略性弊端，其中包括土地城市化快于人口城市化的非规整；以抑制农村、农业、农民经济利益为代价的非公平；片面追求城市发展的数量和规模，而以生态环境损失为代价的非持续。

2　困境——从风景园林专业角度看“美丽中国”亟须克服的问题

旧有城市化模式所长期积累的各种困境中，涉及人与自然关系的生态与人文困境，正是“生态文明”思想和“美丽中国”战略所特别针对的。其中就包括如下两大问题：生态失能——“环境共同体”的被迫形成；人际失范——“社会原子化”的恶性显现。

2.1　“环境共同体”的被迫形成

污染的积累与中国城市化进程是同步的。在2011年之前，雾霾和$PM_{2.5}$还未成为话题，而在这之后，它也还只是区域性话题。但时间到了2013年，雾霾开始创纪录地波及25个省份，100多个大中型城市，其发生频率之高、波及面之广、污染程度之严重前所未有。白天能见度不足几十米，中小学停课，航班

① 2011年的中国内地城市化率首次突破50%，达到了51.3%；关于2050年中国的城市化率，分别有72.9%、80%和85%多个预测数据。

图2　2013年3月4日—17日全国“两会”期间，天安门逐日天气变化
[图片来源：单之蔷．谁偷走了北京人的骄傲[J]．中国国家地理，2014（12）]

停飞，高速公路封闭，公交线路暂停营运……已经是全国人民均可感知的事情了（图2）。

2013年11月3日，《人民日报》微博账户以“北京：风吹霾散两重天”为题，播发了对应的文字和图片——据北京市环境保护监测中心数据：2日清晨，北京城六区“细颗粒物”污染指数为200~220，属重度污染。3日清晨吹起的北风驱散雾霾，城六区“细颗粒物”污染指数为35~55，指数级别为优。图3分别是2日与3日相同地点拍摄的照片，并配发了网友的质疑“什么时候，北京的蓝天不用靠风吹？”（图3）

而同日，杭州《都市快报》微博账户则以“杭城中‘霾’伏”为题，播发消息：昨日全国多地“霾”伏重重，杭州也未幸免！省气象台的工作人员说，杭州的雾霾与外来污染有关，昨天刮的是北风，北方的雾霾或多或少被刮了过来。至于“这场雾霾何时消失？”回答是：“寄希望于雨水吧！因为下雨会冲刷掉空气中的污染物”（图4）。

没有什么比这更直观、鲜明地表达了全国人民这种被动的“同呼吸、共命运”的无奈状态。

在2013年，“自强不吸”“霾头苦干”均成为当年社交媒体热词。而之后，严重的污染也带来了有关治理的共识。同年，$PM_{2.5}$正式纳入环境空气质量数据监测，中国开启了严苛的环境治理。

2.2 “社会原子化”的恶劣显现

社会性是人的本质属性。人类社会生活共同体从来都是人类生活确定性、安全感以及价值归属的来源。但“社会原子化”则由于对这种社会整合状态的否定，成为社会学中被用于研究社会失范的专门术语。“社会原子化”是指由于人类社会最重要的社会联结机制——中间组织的解体或缺失而产生的个体孤

图3　2013年11月2日—3日，北京风吹霾散两重天
（图片来源：网络）

图4　2013年11月4日杭城中“霾”
（图片来源：网络）

图5　原子化社会中人人彼此提防的状态

独、无序互动状态和道德解组、人际疏离、社会失范的社会状态[1]。

社会原子化在不同国家、地区有着不同的表现形态，但均出现在剧烈社会变迁时期。1990—2010的中国也属于这样的一个时期。无论是前期由于计划经济的全面转型带来的城市中单位组织的崩坍，以及农村里血缘宗族组织和经济合作社的解体——旧有的中间组织的解体带来了人的解放，也带来了人的放逐；还是后来更为快速的城镇化所加剧的陌生人社会①，和市场失序下的经济人状态——陌生的经济人状态更加阻滞了新的共同体的形成（图5）。

3　使命——从“美丽中国”看风景园林专业使命的重申

现代风景园林从诞生之日起，就有着“亲密自然、融通人际”这样的天然使命。就自带着对前述生态和人文困境的解药。

作为现代风景园林诞生的标志，纽约中央公园的建设本身就是对旧有城市化模式失范的某种救济。事实上，在酝酿中央公园的19世纪50年代，纽约等美国的大城市也正经历着当时前所未有的城市化。大量人口涌入城市（在1821年至1855年，纽约市的人口增长至原来的4倍），经济优先的发展理念，使得19世纪初确定的城市格局的弊端暴露无遗。包括传染病流行在内的城市问题凸显，使得满足市民对新鲜空气、阳光以及公共活动空间的需求成为地方政府的当务之急。1851年纽约州议会通过的公园法正是这种状况的集中体现。而解决人口的疏离、重塑纽约在当时国际社会中的形象也是建设公园的初衷。

“这是建造公园最主要的目的”，中央公园的主设计师，同时也是现代风景园林行业奠基人弗雷德里克·劳·奥姆斯特德（Frederick Law Olmsted）写道：“中央公园是上帝提供给成百上千疲惫的产业工人的一件精美的手工艺品，他们没有经济条件在夏天去乡村度假，在怀特山消遣上一两个月时间，但是在中央公园里却可以达到同样的效果，而且容易做得到”[2]。在历史上，中央公园是第一个将纽约城各阶层人群聚集到一起享受美好人生的休闲之地。奥姆斯特德建构了其时代背景下独特而鲜明的风景价值观：公园（park）作为各种公共空间类型的组合应“服务于所有阶层”，公众应该拥有平等享受风景的权利（图6）。

如上所述，现代风景园林从诞生之日起，就有着“亲密自然、融通人际”这样的天然使命。前者强调的是风景园林作为绿色空间的贡献——维育稳定、健康、持续、经济的生态环境，后者强调的是风景园林作为公共空间的价值——

① 根据2010年浙江省的第六次全国人口普查主要数据公报，当时全省常住人口中省外流入人口占21.72%，其中，部分高度城市化的区县，其常住人口中区外流入人口占比高达近50%。

提供多元、凝聚、包容、活力的人文环境。

因此，风景园林从来就不是可有可无的装点，现在则更有着广阔的未来。这个“广阔的未来”自然有改革开放三十多年所积累的种种深层问题（困境）的刺激，更有党的十八大以来所提出的“美丽中国”的鼓舞、引领。

4 展望——回归起点、应对现实、绽放未来

“新型城镇化本质，是人的城镇化”。以人口城镇化为核心，以综合承载能力为支撑，通过体制、机制的创新来促进产业发展、就业转移和人口集聚相统一，走“以人为本、集约高效、四化同步”的、强调高质量发展方式的新型城镇化道路是对前期粗放式发展的重大修正。

在新型城镇化背景下，当代中国风景园林，尤其要充分发挥其作为人居环境中唯一具有生命的基础设施的作用，强调“人本与生态、功能与景观、品质与效益”的全面结合，通过全域化转型和体系化建设，整体提升资源化管理、生态化效益、综合化利用、品质化建设、均等化服务水平，进而积极带动城乡高质量绿色发展，深刻塑造国民健康生活方式，为“美丽中国、美好生活”建设贡献更多专业力量。

具体而言，当代中国风景园林应在资源识别管理、区域空间统筹、生态健康持续、公共精神培育、综合多元效益和原创景观表达方面展示更多作为。其中，资源识别管理方面包括了风景名胜区和各类遗址公园的保护与建设（图7）；区域生态统筹方面包括生态空间、开放空间体系在城乡区域尺度内的统筹建设，如在各个尺度连接人与自然的城乡绿道网络、保障城市风道的绿色空间等（图8）；绿色生态设计方面包括基于栖息地设计的公园生态系统建设和低影响的水环境开发管理（图9）；公共精神培育方面包括能够激活地方精神的公共文化空间设计和活动组织（图10、图11）；原创景观表现方面则需要设计师基于其对设计场地的独特理解和设计语言的独特组织而有的原创性的景观表达（图12）。

图6　纽约中央公园——钢筋混凝土世界中的绿色世界

图7　资源识别管理：杭州白塔公园

图8　区域生态网络空间：千岛湖绿道

图9　绿色生态设计：杭州江洋畈公园

[图片来源：王向荣，林箐．杭州江洋畈生态公园工程月历[J]．风景园林，2011（1）]

图10　公共精神培育：杭州良渚文化村之村民广场“村民公约”墙

图11　公共精神培育：杭州“最美妈妈雕塑”①

图12　原创景观表现：青海原子城国家级爱国主义教育示范基地纪念园

[图片来源：朱育帆．为了那片青杨[J]．中国园林，2011，27（9）：11-19]

（注：本文曾分别于浙江省勘察设计协会园林景观分会2013年会和中国风景园林学会2018年会作主题演讲）

参考文献

[1] 田毅鹏．转型期中国社会原子化动向及其对社会工作的挑战[J]．社会科学，2009（7）：71-75.

[2] Witold R，陈伟新，Michael G. 纽约中央公园150年演进历程[J]．国外城市规划，2004（2）：65-70.

① 2011年7月2日，杭州吴菊萍勇救坠楼女童妞妞。同年10月1日，由韩美林创作，以吴菊萍为原型的雕像『妈妈的手』，在杭州钱江新城青少年发展中心东北角的休憩广场揭幕，作为一座『爱心地标』展现杭州最美的一面。

信步风景，慢走湖山

——风景名胜区绿道规划建设特点研究

Research on the Characteristics of Greenway Planning and Construction in Scenic Sites

摘　要： 本文在总结国内外绿道发展的基础上，提出了基于风景保护和旅游休闲的风景名胜区绿道的定义、特点和分类，进而指出立足于精华景观、敏感生态、多样立地和特别功能四大特点基础上的风景名胜区绿道规划建设原则和内容，明确了游径系统建立、选线布点安排、沿线景观组织、标识系统和安全管理完善以及乡村旅游带动的建设重点。

关键词： 风景名胜区；绿道规划；绿道建设

1　绿道的主要特征及其发展背景

1.1　绿道的基本特征

《美国的绿道》一书中对绿道的定义是描述性的：绿道通常沿着河滨、溪谷、山脊，沟渠、废弃道路、风景道路等自然和人工廊道建立；内设可供行人、骑车者及其他依靠非机动工具进行户外活动的人员进入的景观游憩线路；连接主要的公园、自然保护区、风景名胜区、历史古迹和城乡居住区等的线性绿色开敞空间。

在住房和城乡建设部发布的《绿道规划设计导则》（以下简称《导则》）中，有关绿道的定位简明扼要：以自然要素为依托和构成基础，串联城乡游憩、休闲等绿色开敞空间，以游憩、健身为主，兼具市民绿色出行和生物迁徙等功能的廊道。

应该说，无论哪一种定义，都是围绕“绿道作为一种线形绿色开敞空间”而做出的。因此绿道具有如下5个特征：①“绿色环境”是“绿道”的绿色部分，是基础性的存在；②无论是连接公园与居住区，还是连接风景区与风景区，人与自然的“连接”都是对绿道的基本要求；③绿道的空间结构是“线性”的；④“休闲游憩”

图1　波士顿翡翠项链官网之图

是绿道的基本功能；⑤对相关资源的保护也是绿道设计中应有之义。

1.2　绿道发展背景及两大早期代表性人物

绿道的基本功能是人与自然的连接，而且这种连接方式本身也是自然的——至少不是完全借助机械的。人与自然的关系越疏离，人对自然的渴望就越旺盛，尤其是在高度城市化背景下，人们依凭自身体力（而不是借助外力），以各种强度、方式“出走”和“进入”自然的趋向就越鲜明。绿道则是在这种背景下诞生的，绿道运动也是在这种背景下发展的。

弗雷德里克·劳·奥姆斯特德（Frederick Law Olmsted）和本顿·麦凯（Benton MacKaye）是绿道早期运动的两大代表性人物。前者从人们惯常聚集的城市出发，强调了城市与自然和田园的连接，创造性地设计了世界上最早的城市公园系统和公园道——波士顿翡翠项链（建设年代：1876—1895年，图1）。后者则强调“让自食其力的人能享受自然美好的山野生活”，创设了全球最早的风景步道系统——阿巴拉契亚游径（建设年代：1921—1937年，图2、图3）。该游径极富盛名，以至于还拥有了以其为主题的电影（A Walk in the Woods）。这也呼应了绿道的两种场景——身边的绿道和原野中的绿道。

图2 阿巴拉契亚游径官网之纪念美国国家公园管理局成立100周年之“远足100英里”挑战海报

之后，绿道运动就沿着这两个方向，在全球各地发展。而这两种思路的结合，就是多类型的风景名胜区绿道。

2 风景名胜区绿道的主要特点及分类

2.1 风景名胜区绿道定义

参考《导则》对于绿道的定义，风景名胜区绿道可定义为：依托风景名胜区自然环境，立足景区特有格局，主要沿自然水系、山脊山谷、景区道路发展，连接自然、人文景点和旅游服务设施，整合风景旅游资源，集观光游览、休闲健身、资源保护等功能于一体的风景旅游型绿道。

2.2 风景名胜区绿道（风景旅游型绿道）的基本特点

对比一般的绿道，风景名胜区绿道具有4个基本特点。①精华景观：无论是自然景观还是人文景观，都极具品质；②敏感生态：风景名胜区绿道往往建于边缘生态敏感地带；③多样立地：包括山、海、湖、河、林、田、园等在内，风景名胜区绿道有着多种多样的立地条件；④特别功能：风景名胜区绿道的基本功能强调风景旅游，在乡村振兴的背景下，风景名胜区绿道还是“两山”转化的重要通道。

2.3 风景名胜区绿道分类

参考美国国家游径系统分类，我国的风景名胜区绿道可分为：

图3 阿巴拉契亚游径
（图片来源：网络）

图4　杭州两江一湖风景名胜区内的乾潭绿道

（1）自然探索绿道。远离人口密集区，同时具有多种地形地貌和景观特色的风景地区，满足的是人们对深度探索自然的渴望。因此自然探索绿道应该秉持“自然之友、无痕山林”的理念，在相关设施的建设方面采取“尊重自然、够用就好”的态度，通过低强度的建设方式和合乎生态的服务标准，最大限度减少对环境的冲击。阿巴拉契亚游径就是典型的自然探索型绿道。大部分山岳型风景名胜区内的绿道（游径）即属于此类。

（2）风景休闲绿道。此类绿道往往地处近郊，关联人口密集区，这里的风景名胜区绿道能够为更多的人提供更为多样的户外游憩机会。相关设施的建设也应强调“出入平易、设施充分、景观多样”，从而保障并鼓励更多的人群亲近自然、享受美好。大部分城市型、近郊型的风景名胜区的绿道都属于风景休闲型绿道（图4）。

（3）访古览胜绿道。我国风景名胜区的各种资源中，还有一些曾是作为历史上商贸、交通和军事战役的线路存在的各种古道。这种利用或沿着各种有历史价值的道路建设的，具有历史意义或游憩价值的游径就是访古览胜绿道。对文物的保护，以及对文化环境的维护则是这类绿道建设所需要关切的（图5、图6）。

3　风景名胜区绿道规划建设原则及重点

3.1　风景名胜区绿道规划原则

同时作为资源导向型规划和目标导向型规划，风景名胜区绿道规划中应遵循如下6大原则。

（1）保护性原则——保护优先、最小干预：风景名胜区绿道规划应顺应自然

图5　永嘉楠溪江国家级风景名胜区内的永乐古道
（图片来源：网络）

图6　威远县古佛顶风景区的盐煤古道
（图片来源：网络）

机理、尊重生态基底、避让生态敏感区，对原生环境和自然、水文地质、地形地貌、历史人文资源产生最小干扰和影响，并做到积极修复。

（2）特色性原则——因地制宜、特色组景：绿道规划设计应充分结合不同景区的现状资源与环境特征，通过特色组景，展现多样化的景观特色。

（3）系统性原则——整合系统、综合功用：绿道规划设计应统筹考虑风景名胜区的风景、旅游和居民子系统，衔接相关规划，整合区域内各种自然、人文资源，发挥综合功能。

（4）协调性原则——格局契合、风貌协调：绿道规划设计应契合景区格局并与周边环境相融合，与道路建设、园林绿化、排水防涝、水系保护与生态修复以及环境治理等相关工程相协调。

（5）安全性原则——以人为本、安全第一：绿道规划应该远离地质灾害隐患地带，并配置必要的安全设施。

（6）经济性原则——易于实施、便于维护：绿道规划设计应合理利用现有设施，确定合适的建设标准、严格控制新建规模，降低建设与维护成本。鼓励应用绿色低碳、节能环保的技术、材料、设备等。

3.2　风景名胜区绿道建设重点

由于景区的良好绿色本底，相较于绿廊建设而言，绿道的游径系统的建立更为重要；选线布点应精心安排。

由于景区的良好景观资源，相较于景观的创造，绿道沿线已有景观的组织更为重要；在风景名胜区绿道建设中尤其要克服过度造景的冲动。

由于绿道旅游“自助化”和“自组织化”的特点，相较于其他设施，标识设施的完善和安全管理更为基本和重要。

3.3　风景名胜区绿道规划设计内容

3.3.1　识别串联节点，评估建设本底

风景名胜区最吸引人的资源就是各类景点，绿道的规划设计中首先要标记、识别可以串联的景点和游憩点；同时从风景名胜区绿道建设是否利用已有道路、周边环境条件如何、建设条件怎样等方面建立综合的评估。

3.3.2　明确建设目标，确定建设标准

结合总体规划和上述建设条件，确定绿道的建设目标，是分离风景名胜区内的交通，还是重新组织游线，或是着意带动当地特别是乡村的经济发展。如果是前面两个方面，就在增加游憩体验方面下功夫；如果是后面的目的，就要考虑串联更多的发展点。据此确定游径、驿站等在内的服务和建设标准。

3.3.3　确立布局模式，布局绿道设施

根据建设目标和建设条件，确定对应的布局标准，包括环形、线形、组合形等，还可进一步在主线之外设计更具丰富体验的支线。并布局标识、驿站、观景点、市政等设施。

3.3.4　选择材料工艺，确定施工方法

根据风景区绿道的条件、主要的景观风貌特点，细化材料工艺和施工方法的要求。

（注：原文在2017年浙江省住房和城乡建设厅举办的“风景名胜区管理干部培训班”中宣讲）

浙江园林：全域山水的诗意经营与大众风景的风雅塑造

Characteristics of Landscape Architecture in Zhejiang Province: The Poetic Management of the Whole Area Shanshui and the Elegant Shaping of Popular Landscapes

摘　要：本文从中国园林所秉持的“曾点气象”这一融自然于一体且不离伦常的对“生命乐境”的审美和特别的园居生活模式出发，简述了其在苏州私家园林和杭州自然山水中的不同表现，重点从省域尺度上说明了古代浙江园林的三个突出特点，最后也讨论了现代浙江园林应该在此基础上，更加强调全域山水的诗意经营与大众风景的风雅塑造。

关键词：浙江园林；曾点气象；生命乐境；大众风景；风雅中国；景面文心

1　中国园林——“沂水弦歌”及其江南模样

1.1　“曾点气象”与中国园林的“生命乐境”

“……莫春者，春服既成，冠者五六人，童子六七人，浴乎沂，风乎舞雩，咏而归……”这则记载于《论语·先进》的小故事，不仅是“春风沂水”“沂水弦歌”两则成语的发端，更为后世贡献了“曾点气象”这一融自然于一体且不离伦常的对“生命乐境”的审美模式。这脉源自先秦时期由“浴沂咏归”所代表的“洒脱之风”和道家所倡导的“逍遥之游”，在后世不但一直没有中断，还屡传屡新……尤其深刻影响了魏晋以后的山水审美，特别是唐宋以后园居生活的塑造。而江南，则成了这种生活方式的经典代表。

1.2　江南园林——基于日常的山水与人际之间的“诗意”连接

中国山水画历来强调“可行、可望、可游、可居”（郭熙，《林泉高致》）。传统中国园林就更是如此，尤其是其中的“可游、可居”，更加在意的是山水与人际之间的“诗意”连接。得益于江南丰富的山水资源、深厚的人文底蕴、相对普遍富裕的经济状态，江南园林则让这种连接更加“风雅”，也更加“日常”。某种程度上而言，江南的园居生活是“艺术的生活化”和“生活的艺术化”的双向结合。在这种诗意的、日常性的连接中，姑苏一带的私家园林成就了文人个体“风雅生活”的江南样板，而杭州则在另一维度成就了自己的别样气质。

1.3 杭州西湖——“风雅中国”的杭州样板

同属江南园林文化体系，得益于独特而紧密的城湖关系、阔大的规模尺度以及以湖为主体的景观特征，杭州西湖呈现了传统中国园林难得地面向大众的开放性的一面。所谓“西湖天下景，游者无愚贤”。区别于更多强调个体“孤高品性”，属于“孤芳自赏”的私家园林，西湖作为极具开放性的自然山水和文化景观，是传统中国园林须珍视的“众乐之地”——其所实现的“风雅生活”与“大众风景”的连接，历代以来一直深刻地塑造着杭州的市民生活，闪耀着传统的“民本光辉”。

2 古代浙江园林——“吾乡所饶者，万壑千岩妙在收之于眉睫”与“郡必有苑囿与民同乐”

2.1 “山水”禀赋更加优越

“杭州以湖山胜”，浙江更是如此。浙江山海兼备、陆域有“七山一水二分田”之称、各类地貌齐全，所谓“吾乡所饶者，万壑千岩妙在收之于眉睫”[①]，以至“越中山水无非园，不必别为园”[②]；人与土地的长期互动，更进一步刻划出了一系列的地方山水单元，如众多山前陂塘、圩田湿地等。浙江也地处亚热带季风气候区，降水充沛、季相特征鲜明；植被资源丰富，有“东南植物宝库”之称。这是浙江“山水园林”的自然基础。富春江沿线的山水、桃江十三渚的田园等都是其杰出代表。

2.2 “文化”底蕴更加深厚

“风雅处处是寻常”，浙江园林的文化底蕴深厚。浙江是中国古代文明的发祥地之一，唐宋以后更是文风鼎盛。人与山水的紧密互动、文化与城乡生活的充分结合[③]，使得浙江成为中国传统山水美学重要发源地之一，也使浙江今天的国家级风景名胜区和历史文化、名城、名镇、名村的数量位居全国首位。这是浙江“人文园林”的文化基础。作为东方山水美学代表的西湖文化景观、作为传统耕读文化和乡村田园美学代表的楠溪江乡村园林都是浙江深厚园林文化的重要表现。

2.3 “众乐”特征更加鲜明

“都有苑囿，所以为郡侯燕衎、邦人游息之地也……郡必有苑囿与民同乐”[④]，浙江园林的开放共享历史悠久。浙江精神中有着“和衷共济”“人我共生”的精神特质。古代浙江园林已有着当时难得的开放共享气象。这既表现在附属于各地寺庙、祠堂、书院等公共建筑中的园林的公众开放，更内在于广布浙江各城乡聚落内外的名胜、“八

① 语出：（明）祁承业，《书许中秘梅花墅记后》；引自：黄裳．梅花墅．皓首学术随笔：黄裳卷[M]．北京：中华书局，2006。
② 语出：（明）胡恒，《越中园亭记序》；引自：（明）祁彪佳．祁彪佳集[M]．上海：中华书局，1959。
③ 所谓『好山好水，出东郭不半里而至』。语出：（清）俞樾题写台州临海东湖之《湖心亭联》。
④ 引自：（宋）谈钥．嘉泰吴兴志．卷十三．苑囿[M]．杭州：浙江古籍出版社，2018。

景”所传达的因对家乡的热爱而有的“与民同之”的主动追求。这是浙江“众乐园林”的价值基础。台州东湖有共乐堂、杭州西湖存丰乐楼、宁波月湖更有直接以“众乐”为名的题名景观。

3 当代浙江园林——全域山水的诗意经营与大众风景的风雅塑造

新中国成立后，人民真正成为脚下土地和山水的主人。尤其是改革开放和新时代，浙江的山水也焕发了新的风采。浙江是中国风格的公园城市和城市公园建设的先行者，现代风景名胜事业的开创者，新时代城乡高质量绿色发展的排头兵……更是生态文明思想的重要萌发地。

浙江的现代化发展具有深刻的绿色内涵和风景园林因素，同时，浙江园林的内涵和外延也得到了极大地丰富和延展。花港观鱼公园、西溪湿地国家公园、安吉余村“两山”公园、千岛湖环湖绿道等是其中的杰出代表。

在提出“整体大美、浙江气质”，打造大花园的今天，具有“浙江气质”的“全域美丽”和“众乐风景”是对浙江园林在新时代的要求，浙江也一定会成为“风雅中国”的时代样板。

如此，在强调中国式现代化和高质量发展的新时代，我们尤须打造浙江生态文明高地，浙江的风景园林也应在强调绿色空间营造和绿量保证的基础上，更加强调品质、系统和效益，并同步联动城市更新、生态修复、历史文化保护与传承，最终通过全域化转型和体系化建设，整体提升自然和文化的资源化管理、综合化利用、品质化建设、均等化服务水平。风景园林也将从一般满足市民户外休闲生活转到主动塑造国民健康生活方式，从一般改善居住环境转到积极带动城乡绿色发展方面，从一般保护山水转到更好地修复生态，并承担自己的时代使命。

（注：本文节选自浙江省建设厅课题“‘浙派园林’规划设计导则研究”之前言）

知行·篇

“质感”历史，及其活化[①]
——杭州闸口白塔公园的文化景观塑造

Texture of History and Its Activation
— the Shaping of the Culture Landscape of Hangzhou White Pagoda Park

摘　要：江河交汇处的杭州闸口白塔地区，集中了大量的文化遗产，包括白塔（960年）、铁路（1907年）、大桥（1937年）、仓库（1950年）等。在地区复兴过程中，正确识别、理解、表现并活化地区独特文化是白塔公园文化景观塑造的关键所在。设计首先沉入历史，明晰本地作为杭城物流历史演变原点的文化地标价值；进而指出这种植根不同时代技术条件，产生于物流运输需要的历史文化所独有的“质感”表现；最后通过遗产保护及符合遗产气质的文化景观创意塑造，切实启动场地文化。

关键词：杭州白塔公园；闸口地区；文化景观；质感历史；历史活化；文化遗产；历史地标公园

① 本项目获全国优秀工程勘察设计行业奖之优秀园林和景观工程设计一等奖（2017年）、中国风景园林学会优秀风景园林规划设计奖二等奖（2015年）、浙江省建设工程钱江杯（优秀勘察设计）综合工程一等奖（2015年）。

1　项目概况——钱塘江边多样遗存的“混杂”存在

杭州白塔公园位于杭州西湖风景名胜区凤凰山景区南部，钱塘江北岸、六和塔以西的白塔岭一带。公园设计范围78万平方米，整治研究范围95.6万平方米。

公园以白塔命名。始建于公元960年，作为中国第一座楼阁式石塔，钱塘江与大运河交汇处的白塔，在1988年被评定为国家级文保单位之后，依然“陷落”在多达7万平方米，以铁路站场为主的各类建（构）筑物的包围之中，“隔离”在杭州市民和游客的视线之外。

事实上，随着1906年浙江省第一条铁路的建设和开通，仅仅相距20米之外的白塔能够“存活”到今天就已经是件幸运的事情了。

白塔公园建设因此不是一般意义上的城市公园建设——这是一个以白塔保护为重要内容，以公园为主要功能和空间组织方式的历史地段的有机更新项目。它涉及了对文化遗产保护、工业旧址及历史建筑保护与利用、公园开放空间与城市旅游系统组织等在观念和手法上的种种思考。这其中，对基地文化资源的全面识别以及对文

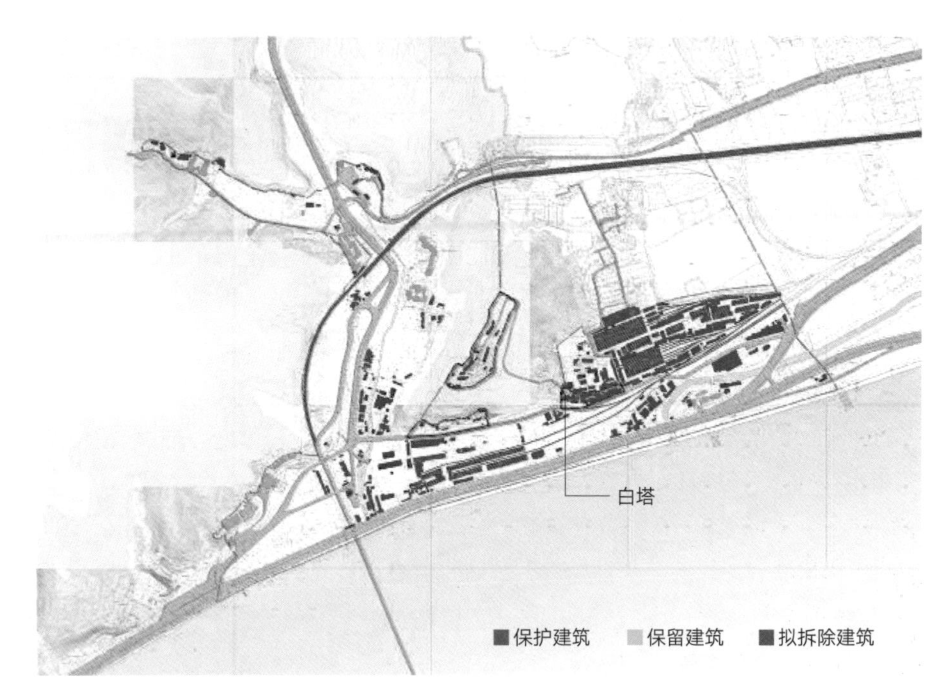

图2 “陷落”在各类建构筑物包围中的白塔

化脉络的深入挖掘是所有设计工作的基础（图1）。

2 项目设计——杭州经济地理版图上的“坐标原点”和杭州历史地标公园

2.1 资源识别与文脉梳理

2.1.1 资源识别

仔细阅读这片“混杂”场地，除了始建于960年的白塔，还可发现更多的文化资源。包括：更早的始于公元610年的京杭大运河最南端入江口——闸口（未来我们将知道正是这一江河交汇处的根本地位决定了本地区后来的种种变迁）；1907年建成通车的浙江第一条铁路——江墅铁路——的南端闸口站场；1930年代曾列入计划的杭江铁路的北线选线；1937年建成的第一条国人设计的钱塘江大桥；以及包括杭州机务段、闸口货场在内的多处工业遗产和老建筑……（图2、图3）

图3 1918年的闸口白塔与江墅铁路

所有这些，都应是进行公园总体设计时须诚实面对的历史，也是进行公园文化景观设计时的颗颗“种子”。

2.1.2 文脉梳理

如何理解上述文化遗产的次第出现？答案仍然要回到场地自身。

这就是白塔地区独特的江（河）、城关系所决定的其在历代物流交通中的重要地位。

钱塘江与大运河航运的发展是古代杭州社会经济繁荣的最重要因素之一。“左江右河”是杭州航运的基本格局，并促

图1　吞吐时运、呼啸传奇
——从时光中走来的白塔、铁路与公园

进杭州在唐以后成为江南重要的水运中心与对外交流中心。江河交汇处的地理条件更使本地成为要津中的要津。在南宋定都杭州时，尤为如此——本地甚至出现了“白塔桥头卖地经（一种交通图）”的专门生意。

而作为新生事物，到了铁路运输代替水路运输的近代，杭州，也是浙江省的第一条铁路、长仅16.7千米的江墅铁路的南部端点，连接曾经的水陆大码头、落位本地，也就是件自然的选择了。

如此，看白塔地区的演变，包括白塔的兴建、铁路单位的选址，均离不开钱塘江、运河与杭州的关系，离不开本地物流组织与杭城经济发展的关系，其最终所成就的——“杭州经济地理版图上的多维时空‘坐标原点’”地位——既源于古时杭州与钱塘江的水运，也奠基了作为近代工业文明曙光的铁路建设，同时也直接刺激了钱塘江大桥的兴建（图4）。

2.2 主题构思与设计策略

白塔因此就同其周边江河条件、铁路元素以及期间的千年流变共同构成了一处杭州独特的历史文化坐标[而不仅仅只是白塔自身（图5）]。白塔公园也因此成为“以国保单位白塔为核心、以历代物流（水运与铁运）演变为文化脉络、以历史建筑和工业遗存保护和利用为重点的一处杭城独特的历史地标公园”。

针对白塔公园多元的文化要素，设计还特别明确了如下策略：

——以时运为纲。强调“原点空间”的坐标作用和对文化资源的贯穿作用，纲

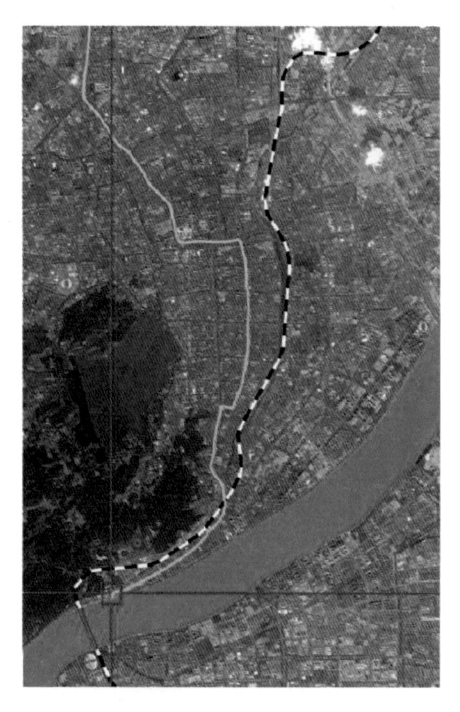

图4　闸口白塔——杭州经济地理版图上的多维时空“坐标原点”

图5　白塔公园内的各类文化遗产

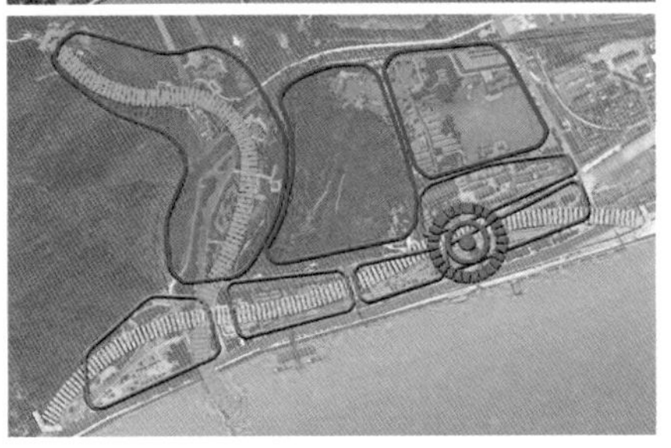

图6　白塔公园的功能分区与空间结构

举目张，串联历代杭州物流演变脉络，活化场地历史。

——以人文为核。强调文史空间的“在地”作用，通过对“在地资源”的整理、盘活，突出并强化白塔及白塔地区的内在文化特质。

——以创意为基。强调创意空间的“活化”作用，包括对基地特征的创意理解和创意表现，通过艺术空间和趣味空间的塑造，激发、活化人与基地的显示联系。

——以公众为本。强调公共空间的“融通”作用，通过连续公共空间设置来融通基地，同时融入新的功能，推进城市有机更新。

——以自然为底。强调绿色空间的生态及对多元文化资源的“中和”作用，最终通过饱满的绿色空间来中和、亲和场地，实现场地的基本面貌的整合。

2.3　空间布局与景观营造

2.3.1　空间布局

根据资源属性及可达性初步判断基地的公共属性分区，形成“滨江公共文化游览带”“山西生态休闲服务区”“山体生态观光区”“山东创意产业及综合整治区”——“一带三区”的“山”字形空间模式和功能分区（图6）。

根据具体地段特点、文物保护及其他管制线下的建设控制分区、视廊要求，进一步形成：一核——白塔核心；二带——东西向的文化游览带和南北向的休闲服务带；四园——白塔园、闸口园、杭江园、大桥园；四区——纪念公园游览区、创意产业区、生态观光区和休闲服务区的布局结构。

2.3.2　主要景观营造

（1）白塔园：重点在于做好本体保护及视廊组织和高度控制工作。

在文化环境塑造方面，注意清理保护范围内的建筑，移植掉雪松等不符合场地文化性格的现有植物。并特别增设白塔文化陈列室和南宋地经广场，以艺术的形式传达历史的变迁，渲染白塔的历史身份，下沉式的设置利于烘托白塔的表现力（图7）。

（2）闸口园：重点做好杭州机务段等工业遗产的保护和利用。设计将其中两组大的历史建筑组合为浙江省铁路博物馆，展示基地作为江墅铁路——浙省第一条铁路与杭江铁路——民国建设的浙江东西向大动脉的链接之地的独特价值。同时通过内部组织视廊、外部叠加影像来实现对白塔的尊敬与友好（图8）。

（3）杭江园：将原先的“堆场”改造成绿地，其中较大的“堆场”被设计成公园的儿童活动区。一侧由集装箱改成的建筑进一步保留了货场气息。

保留的龙门吊“吊起”了一组新的休闲构筑物，提供了东西观望的站点。六和塔到白塔的视廊通道也顺势在铁轨两侧展开。

图7　白塔与南宋地经广场

图8　白塔与铁路博物馆（原杭州机务段厂房）

图9　六和塔、白塔及城区高层建筑组成的时空走廊

3　设计思考——“质感”历史的特别存在与文化景观表达

3.1　“质感”历史的特别存在

对比一般文化公园，杭州白塔公园的多数文化要素千百年来是被排斥在“文化”之外的——以至于早期规划的白塔公园关注的仅仅是白塔本身。

我们或许可以将历史文化的存在及感知方式简单地分成两类。一类是符合“形式美学”的——可简称为“视觉”历史——因此它们第一眼就会被关注，并进入传播管道；还有一类是不符合“形式美学的”——可简称为“质感”历史——它们需要被辗转承认和接受，甚至仍被忽略（图9）。

白塔自身能够在第一时间就被关注，除了其曾经的航标地位，更是因为它本身就是一种符合形式美学的存在——“闸口白塔是现存的五代吴越末期仿木构塔建筑中最精美、最真实、最典型的一座，因而具有很高的研究价值”(摘自《杭州闸口白塔》)。

白塔地区的其他文化遗存，特别是运河、铁路、大桥、仓库等本就不是为了观赏而存在的——无所谓比例、尺度的形式美感，更多是各种元素在功能要求下的“坦白”组合。事实上，不止是白塔地区，所有跟生产劳动直接相关的遗存都属于这种“质感”历史。而它们也确实有着自身特别的“质感”。

白塔公园资源识别工作的第一步，就是对这种“质感”历史的开放和感知（图10~图12）。

图10　再次开动的火车，激活了曾经的过往

图11　白塔、铁路、鲜花

图12　始终在此——白塔、铁轨与候车的人群（雕塑）

3.2 文化景观的“质”与“形”

白塔公园文化景观设计的第一步，则存在如何呼应这种“质感”的问题。

一个合适的选择仍然是回到场地自身。放弃对形式的自我主张，而更加强调场地中原有器物和材料的自然表现。

包括仓库、机务段等建筑被更多地保留和积极地对待。龙门吊、集装箱、老门牌等都被注意并被组织到后期的场景中去。更多表现原生材料——包括石材、钢材、混凝土材料——的独特质感的方式也被大量使用。在这个设计中，形式是第二位的。

在形式之外，“质感”历史需要更多强调场地“质感”。

我们希望可以用这种方式更顺利地呼应并启动场地自身的独特气质。

3.3 “活化”——文化的根本价值

除了对历史“质感”的揣摩之外，设计做的另一个工作是对场地历史的“活化”。

作为一个历史地段的有机更新项目，所谓“活化”是对这种有机更新的更具表现力的说法。

文化的静态表现会显得沉闷。这就需要通过一些必要的、富有创意的设计表现，来启动场地原有气质的表现，并彰显时代气息。

如白塔陈列室的下沉设置既满足了相关规范的要求，也为历史文化的展示赢得空间，自身的下沉设置也自然呼应了某种历史情绪的表达。

而小火车的进入则一下就真的使空间运动了起来，激活了曾经的过往。

其次就是具体保留的建（构）筑物功能的活化。通过一些主题休闲、创意园区、文化陈列等功能的置入，最终丰满游赏行为，活化土地价值。

4 结语

文化公园的景观塑造离不开对基地文化资源的挖掘和文化脉络的理解。也离不开对这些资源的创意激活。

随着历史的演进，那些耀眼触目的“视觉”文化资源大多已在第一时间被挖掘干净，剩下更多的会是这些不具形式美感的“质感”文化资源。

设计首先需要沉入历史，正视基地全部的历史文化信息，尤其是不要忽视这些“质感”文化的特别存在，深入感受其特富“质感”的文化气息，并通过遗产保护及符合遗产气质的文化景观创意塑造，切实激活场地文化。

杭州白塔公园在这个方面作了一定的尝试，在柔美的西湖之外，为杭州提供了一处具有刚劲钱江气质的新的历史地标公园。

（注：本文英文版收录于主题为“文化促进建筑进步”的“2014年第十届亚洲建筑国际交流会”，并作交流发言；中文版收录于《浙江省风景园林学会30周年论文集》）

参考文献

[1] 杭州市档案馆．杭州古旧地图集[M]．杭州：浙江古籍出版社，2006.

[2] 曹晓波．古老白塔矗千年[M]//玉泉山南话沧桑．杭州：西泠印社出版社，2008.

[3] 梁思成．浙江杭县闸口白塔及灵隐双石塔[M]//梁思成文集：第三卷．北京：中国建筑工业出版社，2001.

[4] 高念华．杭州闸口白塔[M]．杭州：浙江摄影出版社，1996.

[5] 杭州市交通志编审委员会．杭州物流演变历史：历代物流[M]//杭州市交通志．北京：中华书局，2003.

[6] 罗坚梅，曹小可．江墅铁路百年纪[N]．杭州日报 西湖副刊，2007-8-19.

[7] 丁贤勇．浙赣铁路与浙江中西部发展：以1930年代为中心[J]．近代史研究，2009（3）.

和则相生、同则不继[①②]

——杭州玉泉景点整修扩建工程方案设计

Harmonious to Completeness, while Same to Decay

— The Design of "Watching Fish at Jade Spring" Restoration and Expanding Project in Hangzhou

摘　要：针对杭州“玉泉观鱼”景点整修和扩建具体内容的不同，设计分别确立了“修旧如旧”和“和而不同”这两个原则以区别对待。使得新、老两园既相联系又相区别，彼此间相辅相成，各自从不同侧面完成对原有主题的表达——“鱼、水、天、人的自在共乐”。其中，北园强调已有的“整形建筑围合空间内‘鱼+水+人’的静态的定势交流”，南园则强调“自然山水开放空间中‘水+鱼+人’动态的即兴的游戏”。

关键词：玉泉观鱼；整修；扩建；和而不同

① 本文已发表于《中国园林》，2022，18（6）：73-76。

② 本项目获浙江省优秀城市规划设计三等奖（2001年）。

1　缘起

“玉泉鱼跃”是杭城的老牌景点。有记载的人文经营始于南齐建元年间（公元480—482年），这之后玉泉即以其“泉清境幽”见称于世，更以观鱼盛事名闻天下，若干年来文人墨客也词章不断。最近的整理修建是在1965年前后进行的，之后一度中兴，近年来则日趋冷落。主事者不忍见此，遂决定拨款对其进行整修，并于其南侧又划出同样面积的用地作扩建用地，以希复兴（图1）。

无疑，这是个“主题先行”的工作，必须考虑景点的文化、历史的完整性和连续性。同时，作为设计者，我们也仍想有所作为，特别是在其南部扩建用地上，于是在“修旧如旧”之外，提出“和而不同”。

2　释名

“和”与“同”是春秋时代常常连用的一对术语。《论语》《左传》和《国语》中均有论述、辨析。《论语·子路》中只有结论，是“君子和而不同，小人同而不和”。《国语》中有解释，说“和实生物，同则不继”。《左传》小中见大，以烹调为例，说“和如羹焉，水火醯醢盐梅，以烹鱼肉，燃之以薪，宰夫和之，齐之以味，济其不及，以泄其过。君子食之，以平其心”，至于“同之不可”，则“若以水济水，如何食之?”

可以看出，“和”“同”之异，在于“和”是同中有异，是异中之同，是不同向度但仍然有着共同基础的差异。它强调的是相关联事物间的互补与和谐，是“相辅相成”或“相反相成”。而“同”则是简单的无差别的等同了，因而“若以水济水，如何食之?”因此，在玉泉的整修和扩建工作，特别是新南园的扩建过程中，“和而不同”方针的确立，使得新老两园能既相联系又相区别，彼此间相辅相成，从而成为改造后不可替代的两个部分。

3　相地

设计首先从对老北园的考察开始。像许多传统的江南园林一样，建筑在老北园的空间组织中占据着组织者的地位。总共7500平方米的用地中，由1750平方米的建筑划分出共9块天井、庭院，组成了3个院落。这些天井或庭院大小不一，形状上却都方正。这方面又与大多数的江南园林形成对比——那些庭园空间大多都是异形平面。因此，将上述两方面结合在一起，可以用“整形建筑围合空间”来概括老北园的空间特征（图2）。

图1　玉泉鱼跃：鱼乐园

图2　鱼乐园的建筑水院（院中石塔为本次复原）

3个院落也都是围绕着其中呈矩形的水池形成的。西部两个分别唤作“古珍珠泉”和“晴空细雨”。东部另一饱满水庭即是大名鼎鼎的“鱼乐园”。许多游人也多是由东北部主入口进入，到达池边，对沉浮、游动其中的几十条长达1米有余的鱼雷般的青鱼指指点点，性急的10分钟后再绕池一周即告离开。

许多先前的对联得到了保留，且多围绕“鱼乐”和“水清”作文章。其中一副挂在鱼乐园南面建筑上，是点题——“鱼乐人亦乐，池清心共清”。对联用字平淡，取意恬和，在自然景物中透露着人的消息。是应景，但更多是写心。因为无论是对“鱼”，还是对“人”，“江湖”之中才会有更多的快乐。

未来的南园与老北园一墙之隔，位于它的南侧，用地也是7500平方米。西、南部是有一定高度的山坡地，东部临植物园内有一游览主路。用地内有长直废弃水池近700平方米，并有若干大树散植园内（图3）。

4 立意

综合而言，老北园内“鱼、泉”主题突出，人文经营也由来已久，文化积淀深厚，且已具有相当的知名度。因此，在新南园的扩建过程中，必须首先保证原有景观主旨意趣的延续。设计将之概括为“鱼、水、天、人的自在共乐”，即通过鱼水相戏的景象（尽管只是想象中的），反映人对“无我之境”乐趣的理解和向往。这将成为新老两园共通的基础——“和”。

同时，老北园在“鱼、水、天、人的自在共乐”这一观点的观照下，又被进一步明确为“整形建筑围合空间内‘鱼+水+人’的静态的定势交流”。其中，“静态的定势交流”指的是，老北园内人与鱼、水之间同时具有平面和竖向上的距离（人们只能隔在1米高的栏杆之外，趴在栏杆上，隔空而望），又有活动上的限制——人与鱼之间只限于观望，而缺少更多的、能真正影响对方的互动。

“不同”之处也在此展开。在空间格局上，同“整形建筑围合空间”相对，新南园强调的将是“自然山水开放空间”；在“鱼”“水”“人”的关系上，与“静态的定势交流”不同，新南园强调着彼此间的“动态的即兴游戏”。新老两园也因此从不同的侧面完成对共有主题的表达，也成就了自身存在的独特理由，并成为对方的有效补充，丰富着场地性格和景观内容。

基于同样的理由，新南园被命名为“亦乐园”。

5 布局

“自然山水开放空间”是新南园大的空间格局。空间围绕着水面展开，两个主要建筑隔水相望，另有小亭偏置于其间，充实空间，同时迎向从老北园而来的人流。

这里，通连的水面替代了北园的建筑，成为南园空间的组织者和统一者。水面因此就不会成为一自在之物。它与陆地交织、同建筑交结、和园路交通，构成丰富的底景。水也因此得到了多种形态（计有浅滩、深池、小潭、涌泉、跌水等）和多种情状的表现（图4）。

6 建筑

新南园散点式布置有4座建筑，除了北部围绕着原先泵房发展而成的茶室（清心堂）外，其余3座（玉泉庵、探泉亭、东入口）都是单体建筑。与北园纵横连续的建筑组群构成对照。南园建筑因此从组群中活跃出来，获得了更多的表现机会。

同时这种表现仍需得到环境的许可和支

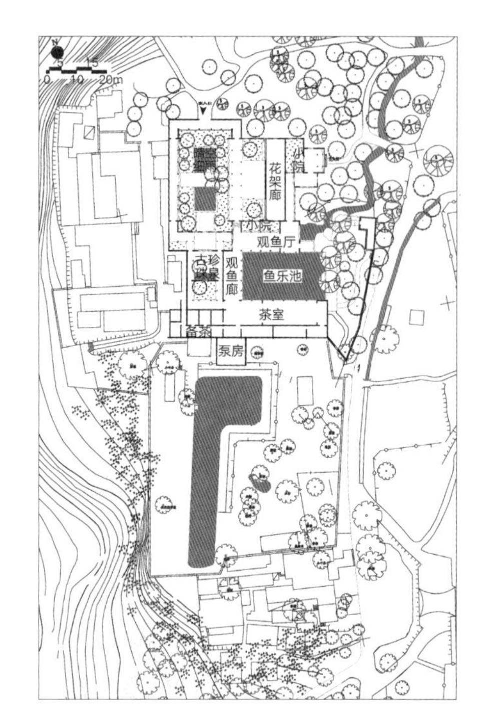

图3 现状图

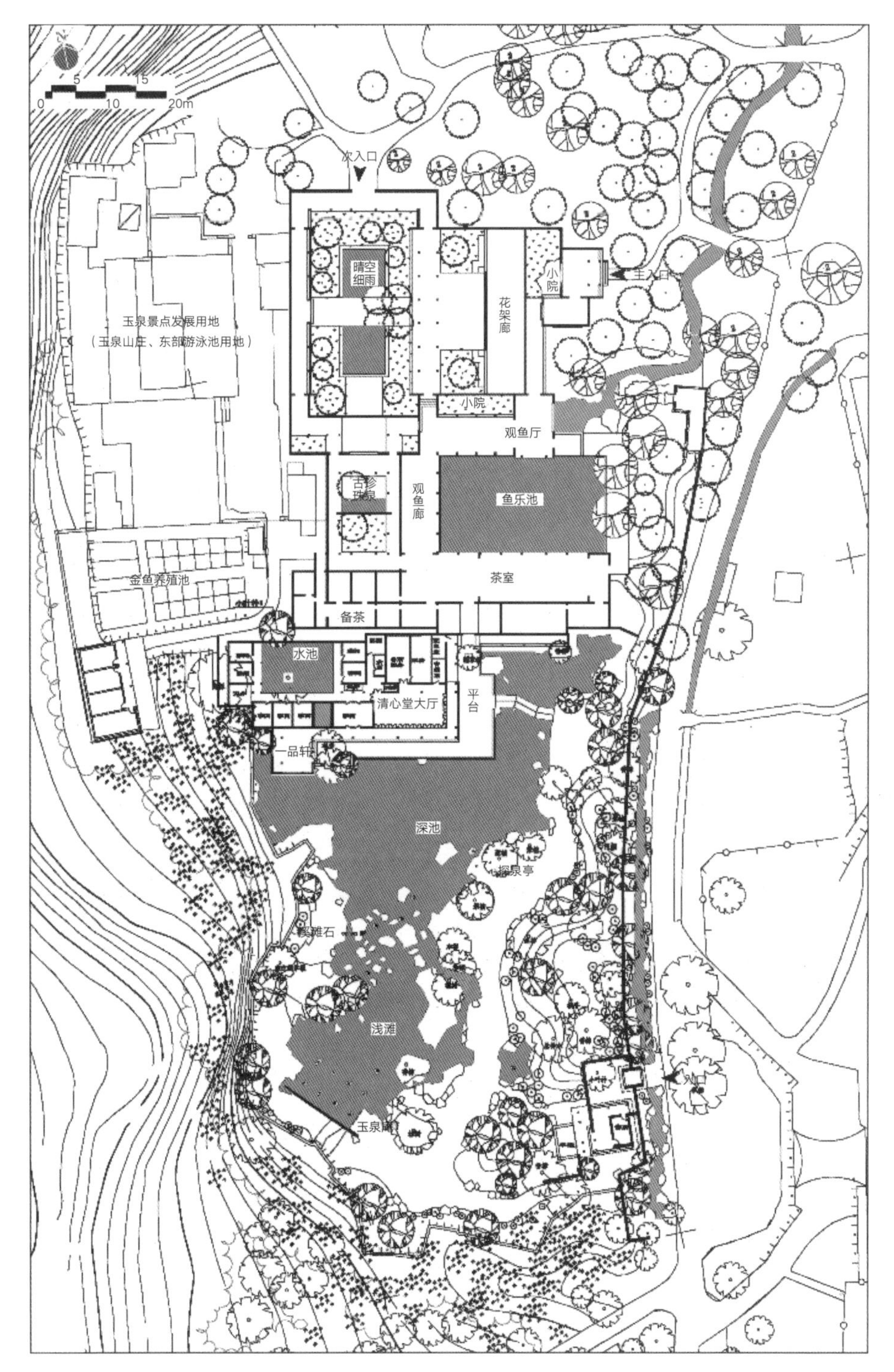

图4 设计总平面图

持。因此建筑与环境的结合也得到了特别的注意。尤其是与水环境的多样结合，分别形成了水边（清心堂）、水上（玉泉庵）、水中（探泉亭）3种组合方式，构成一系列建筑与环境彼此内在的，自然、朴拙而丰富的场景。人对自然的亲和愿望也借此得到如期表达。

建筑形式沿用了老北园的样式，大多取悬山屋面。中部的探泉亭是四角攒尖，算是一种变化（图5）。

7 植物

在绿化景观安排上，北园主要强调庭院景观，南园则强调山林景观。由于北园庭院景观已较完善，南园的种植设计就成为本次设计的重点。而对用地原有植物的组织利用又成为重点中的重点。需要强调指出的是，由于坚持了各造园要素间的有机结合这一原则，最终在原有植物与新建建筑、新开挖水体之间构成了“浑然一体”的建成景观。

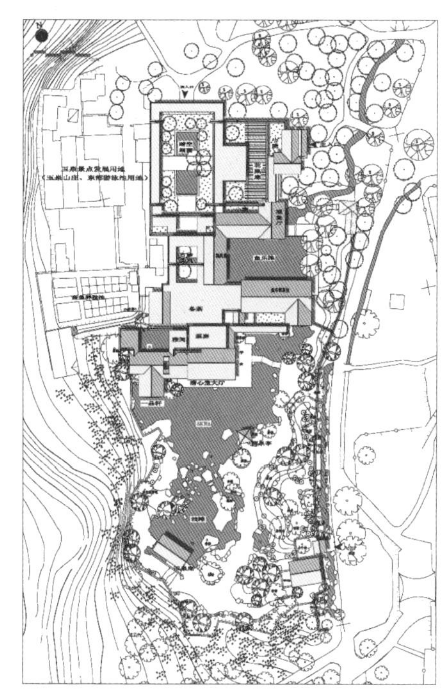

图5 屋顶平面图

图6　植物与水体、山石、建筑等环境

同时，出于丰富和完善空间的需要，南园又另外点植一、二香樟和银杏。在与山林交接处密植林木加以过渡，也一并明确场所空间的围合感。而对水生植物的运用也是设计中考虑的一个方面，从而使南园的环境更加真实、完整。也补充了北园无法考虑水生植物景观的缺憾（图6）。

8 景物

“鱼”和“泉”这样的特征景观在整修后得到了加强。从品类方面而言，在大青鱼和花鲤鱼的基础上，丰富了金鱼的品种，增加了田鱼的表现；在原有单一的方形水池外，还增加了涌泉、跌水、浅滩、深池和小潭，丰富了水的形态和动态景观。从与环境及人的结合上，南园水池中汀步群的设置增加了人与水、鱼及自然的动态的亲和机会，而对园林建筑与水环境结合方式的多样性的强调，既丰富了建筑和水的景观变化，也从另一侧面加强了人与自然的交流。

8.1 边界处理

南园北部与北园相接处，设一高达5.5米的长墙作为彼此的分隔。西部、南部与山林的连接处，则设置不等高的挡土墙。挡土墙进退不一，强调了场所感的形成，同时因应古有的“开山筑庵，草创玉泉”的记载。挡土墙块石干砌，利于表现石材的肌理，也利于日后植物的生长。东部界线临近园外道路。设计延续了北段现有围墙风格，以体现园子的整体性。围墙后退道路5米余，将原路东的水渠改道此间，配以山石、植物，增加与环境的亲和。围墙内另做1米左右的微地形起伏，平衡土方，丰富底景，也呼应了山形走势。

8.2 东侧入口

在东界围墙的中断处，为一四柱悬山建筑，点明入口所在。入口正对用地东部现存的三棵大枫杨。其朴素、大方的造型也为内部空间定了一个基调。同时利用入口功能建筑的组合，在内部形成了一个迂回曲折的空间，避免了直露（图7）。

图7　东入口内景

8.3 玉泉庵

于场地的西南角建三开间临水草庵一座，应和旧日记载，以建筑材料的拙朴和造型的简朴渲染环境的自然清新气息（图8）。撰联点题，并与北部鱼乐园的对联相和（“鱼乐人亦乐，泉清心共清”）。

联曰：

“水清且净可以观鱼，
天虚而空正好放心。”

8.4 清心堂

取名“清心”，既应和茶室自有的“清心”之用，也附和了北园所有的“池清心共清”之意。茶室依墙面南而建，与水的亲和性极佳。同时也打破后部立墙的单调，提供北视站点、丰富南部景观（图9）。

8.5 探泉亭

探泉亭位于用地中部偏东北，为一四柱攒尖方亭。三柱岸上，一柱入水。这种别致的建筑平面处理，是建筑与水的亲和，也表露了人与自然的合作姿态（图10）。

8.6 汀步群

在深池和浅滩间设置溪滩石汀步群，分隔南北水面，也沟通东西两岸。同时，其群体式的设置，改变了一般线形的汀步设置方式，暗示了它的停留性能，更为游人全面地接触、亲近水体和鱼提供可能。

8.7 涌泉

在水池中设置了几处点状涌泉，丰富水景，同时也是对此地原有的记载——“玉泉地区为松散沙砾石层地带，地下水十分丰富，泉眼极多”——的模拟。

9 余言

在多方的努力、合作下，玉泉景点老北园的整修工作已全部结束。扩建的新南园也已建成并于2001年的国庆正式对

图8 玉泉庵

图9 清心堂

图10　探泉亭

外开放。从现场效果上看，新老两部分都很好地贯彻了原先的设计意图（其中，北园是“修旧如旧”，恢复的是1965年的设计意图）。彼此间也呈现出了“皆大欢喜”的局面。而南园在扩建过程中，无意中再现的“珍珠泉”景观也是一不能不提的惊喜。

所以，应该首先归功于用地自身，它是一切设计发挥的依靠。同时，对于这种老园扩建的项目，“和而不同”原则的确立，又可使得设计者能以更积极主动的态度去发现和表现这块土地——无论是它的山水植物，还是它的历史文化。而不是拘泥于原先的套路，只做出“同质”的景观。或许，这才是景观设计的真意——创造出属于用地自身的，不为别人所代替的“特质”。于是，在设计者和用地之间也呈现出了“皆大欢喜”的局面。

文明的碎片、成长的足迹
——南京窨子山文化公园方案设计

Fragments of Civilization, Footprints of Growth
— Design of the Yinzishan Cultural Park in Nanjing

摘　要: 南京窨子山文化公园为南京市区内目前唯一留存的湖熟文化类型遗址，具有典型的台地特征。遗址公园设计在保护原遗址区域的基础上，以“文明的碎片、成长的足迹”为主题，通过强调遗存状态的表达来解决遗存保护与表现的“真实性”的问题，强调考古过程的揭示来解决古文明与市民的交流问题，强调“与城共舞”来实现文化公园与城市空间的有机结合问题。

关键词: 南京窨子山文化公园；湖熟文化；真实性；参与性；开放性

1　工程概况

窨子山地属南京秦淮区红花街道，为一80米×90米的近方形台地，高出地面8~9米。1952年文物普查时有试掘，发现有石斧、石锛、石镞、青铜箭头、鹿骨等物。属于湖熟文化类型，活动年代为公元前4000年至公元前3000年。窨子山古文化遗址为1982年首批公布的市级文保单位，是南京市区内目前唯一留存的古文化遗址[①]。

规划窨子山文化公园围绕窨子山山体，东起大明路、南临机场铁路专用线、西至窨子山路、北至宁德贸易公司。长边长170米，短边宽130米，总用地面积2.23公顷。要求围绕现存的窨子山古文化遗址的保护，将用地建设成一处文化公园。

① 以上信息来自南京文物局文物处资料。

2　用地分析

用地构成：用地除窨子山山体及绿化外，其余多为1层双坡顶民居，建筑质量不高（均拟拆迁）。山体东北部为一汽车销售公司建筑。

地形与绿化：窨子山山体顶部平坦，高出地面8~9米，为一典型台地，山体东部被大明路中断，成一断壁。用地其余部分北高南低、西高东低，标高在12.3~10.3米变化，有缓坡降（<3%）。现状绿化仅见于山体及其周边零星用地，为杂木林。

周边情况：用地东南西北4个方向的道路红线宽度分别为40米（大明路）、16米、16米（窨子山路）和9米。大明路为“汽车街”，两侧均为各色汽车销售公司，属于区政府重点发展的特色产业地带之一。窨子山路以西为居住用地。

3 用地适宜性评价（图1）

影响用地发展的主要因素来自于内外两个方面，其中窨子山的文保性质及其在用地中的位置关系起主导作用。

由于窨子山山体居中而偏东北，因而其周边留出的空地在面积、形状、朝向等

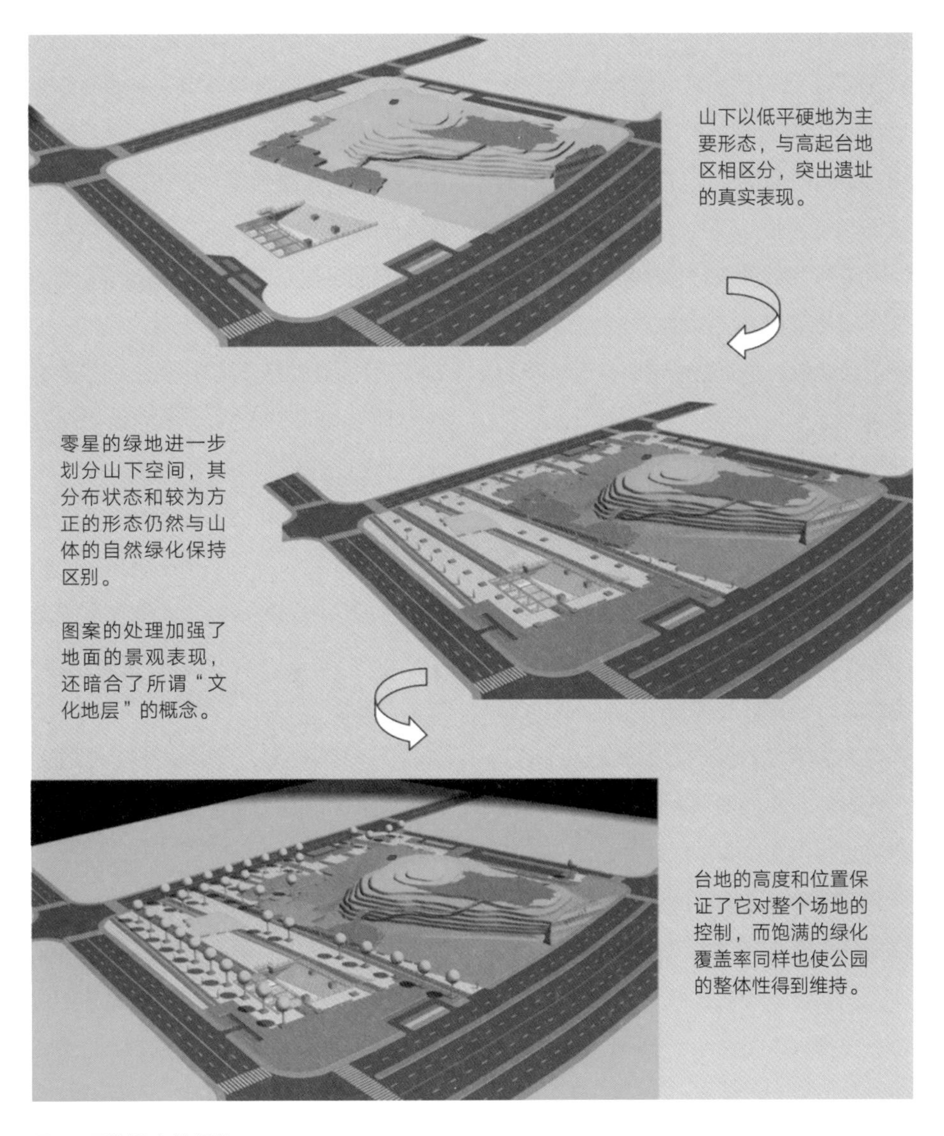

图1 用地适宜性评价

方面均差异较大。再加上周边的交通情况和用地情况的影响，彼此间更存在着不同的发展潜质。综合评价如下：

（1）窨子山

全面保护窨子山的地貌特质和现有绿化。清除台上现有花房，还原窨子山的文保用地性质。同时对于其东部断壁，亦须结合其用地性质作文化景观处理，并使之成为大明路一侧的“形象”之作。

其余部分的用地应在材质、形态及空间组织方面与窨子山山体形成对比，以避免混淆。

（2）山体南侧用地

山体南侧用地是整个用地中面积最大、最开敞的用地，与山体关系密切、良好，宜作为公园的主要活动场地和展示场地。

（3）山体西侧用地

山体西侧用地长直且有一定宽度，与西侧居住用地关系密切，便于居民出入和使用。

（4）山体北侧用地

山体北侧用地狭长，处于山体背面，仅适宜小规模人群活动。

（5）用地东侧用地

由于高等级道路大明路的毗邻，应于用地东侧设宽度不小于20米的绿化隔离带（可种植4排乔木）。公园的机动车停车场不应设于此处。可考虑设置人行出入口，并结合山体东部断壁作窨子山文化公园的形象展示。

4　设计构思——“文明的碎片、成长的足迹”

由于文化公园的特殊情况，设计应同时考虑3个方面的问题，即以“真实性”对应遗址的保护和表现；以“参与性”考虑史前文化与大众的交流；以“开放性”强调文化公园与城市空间的结合。

4.1　从强调遗存实体到表达遗存状态——解决遗存保护与表现的“真实性”的问题

“真实性”是关系文物生命的一个根本性的问题，用地内的文化展示和景观表现不能以损害遗址文化的真实性为代价。因此，有关通过“伪造”一些古遗存（包括遗物和遗迹）来说明文化、制造景观的想法应该杜绝，即使现存的文化含量并不足够（窨子山遗址遗存数量有限，自身也确实不是湖熟文化的典型）。一个可行的办法是实事求是地对待、表达遗存自身——它本身就已足够珍惜。

如需更多的信息，可以借用古遗存在现代的“碎片化”的存在状态来提供——所谓“文明的碎片”。因为“碎片”自身就富于意味、饱含魅力，它既是远古文化遗存在现时代的真实存在状态，也是今天的大众（不是专业学者）对远古文明的认知状态。“碎片”间弥漫的若干想象，使今人的智力有了着力的余地，有了探索的必要，也因此有了发现的快乐，加之跨越千年时空的对话所带来的震撼——所谓“念天地之悠悠”。

而且因为不涉及具体的遗存实体，且能回避文化展示所需要的条理化处理过程可能对遗址真实性的损伤，所以真实性的问题也就可以解决。

4.2 从结论展示到过程揭示——解决古文明与市民的交流问题

为使遗存文化的传播更加有效和生动，还应避免仅是对其作静止的、结论式的表达和灌输。借鉴“快乐课堂——2004南京文博之夏”中的“考古夏令营”的做法，设计考虑将原先位于教科书上、博物馆里的一些专业知识还原到“现场”，比如作为考古学的基本方法之一的地层学中的“文化地层”概念就可通俗地教授给大众，通过“现场感”和“过程化”，使普通民众一样可以感受时空的力量和考古所特有的魅力。

4.3 从“画地为牢”到“与城共舞”——实现文化公园与城市空间的有机结合

需要说明的是，文化公园的建设除了根植于用地内部资源以外，还应与其周边城市空间作良好结合，并方便周边人群的到达和使用。从这个角度出发，设计强调了公园的开放性质，使之成为城市户外开放空间的一部分。

5 设计目标与总体布局

5.1 设计目标

围绕窨子山文化遗址的保护，注重表现遗址自身及相关知识，从而积极发挥文物在文化建设工作中的作用。同时结合具有日常休憩功能，建设方便周边人群使用的，强调文化的真实性、人群的参与性及空间的开放性的城市文化公园。

5.2 总体布局

由于面积有限，且主题突出、空间结构明晰（山体台地主导了用地的空间结构），用地总体上区划为3个部分，即中部的台地遗址保护区；南部的文化展示、活动区；西部、北部的休闲空间带（图2）。

中部的台地遗址保护区为公园的核心。所作的工作在于对地形和现有植被的维护。原山体顶部的花房被清除，其用地并不采用一般的绿化覆盖，而代之以裸土地面——坦诚待人，素面朝天。控制山上山下的联系，仅在南部新修1条上山道路，与保留的原北部的上山道路一起构成上下通道。

主要的活动空间被组织在山下。考虑对台地遗址真实性的维护，避免出现认知上的混淆。山下空间无论是在材质、形态及空间构成和竖向组织等诸方面都与窨子山山体形成对比。遗址部分是自然形态的、绿化高度覆盖的高起台地。山下部分则是规则形态的、主要由各色铺装覆盖的低平硬地；其上的绿地形态也

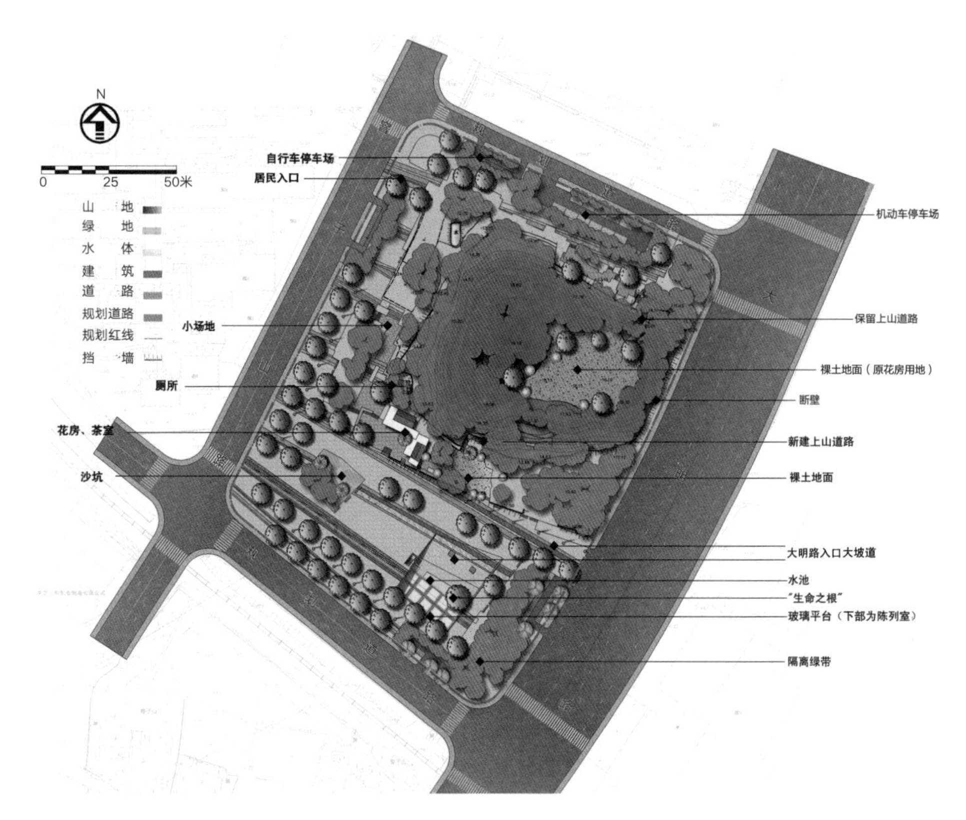

图2　设计总平面图

图3　总体鸟瞰图

是零星的和方正的，广场上的种植也是规则排列的。

其中南部用地为公园的文化展示和活动区，主要布置有花房、茶室，地下陈列室和沙坑绿地。三部分间以大片广场相连。进入地下部分的大坡道还可成为一些露天文化演出的座位区。沙坑一方面与裸土地面材质相呼应，同时还可作为儿童的活动场地——而这也将为古文化遗址带来活力。

西北部的休闲空间带则以硬地与绿地交织的空间变化为主题，服务于小规模的人群。同时配置有机动车停车场、公厕等服务设施，为整个公园配套（图3）。

公园总体鸟瞰见图3。

6 小品设计

6.1 地下陈列室

将陈列室置于地下，弱化了建筑形象，从而避免了与山体争高的可能（窨子山仅有8～9米高），同时还对应了文化遗址一般均埋藏在地下这一事实。陈列室展示与窨子山文化遗址直接相关的，包括同时期的湖熟文化遗址的一些文字和图片资料（图4）。

6.2 玻璃平台

陈列室的屋顶为与周边广场等高的玻璃平台。除了解决地下建筑的采光，更重要的是，这一可上人的半透明体（为避免游赏过程中出现一些尴尬局面，设计要求不应使用完全透明的玻璃）的出现，还直观地表现出了文化史上常有的时空堆叠的情状（河南开封就是这样的一个典型事件，在地下3～12米处，叠罗汉似的摞着6座古城，其中3座是国都。几座城池的城墙、中轴线甚至都没有变化）。

6.3 大坡道

陈列室的北墙化为坡道，斜指其北部山体，有效沟通了陈列室和北部的台地遗址。在观看相关资料时，还可以方便地观察山体以加对照。当周边社区或文博部门需要举办一些集会活动时，大坡道还可作为座位区使用。

6.4 生命之根

陈列室北部的水池有一树池。一半靠

图4　地下陈列室

墙、一半凌空。尺寸同其他树池，高度亦与其他树池同。不同之处在于其凌空一侧的围合材料是透明的玻璃体。透过玻璃，可以看见自上而下的种植土层、砂石层、卵石层分布，还可看见植物根系的生长。事实上，我们的文化之根也如同这生命之根一样，是从很久远的年代里一路走来的。

6.5　坐凳、树池、灯柱

坐凳取两种材质——木头和混凝土，两种规格——长和短，以长的为主。木头和石材是古人类最易取得的材料，这里以混凝土取代石材也是出于材料的易取和加工的考虑。两种坐凳均为40厘米见方的方料，长度长者取3米，短者取1.2米。其中混凝土坐凳顶部与4个侧面的上部均抹光，但近地面处做大斧剁处理——强调了材料的质感，也对应了早期的石头加工方式。

树池均2米见方，由混凝土制成。做法同坐凳。所指亦同坐凳。

本次设计专为公园设计了一种灯具造型。50厘米直径的灯柱，高度为2.5米。其1.5米以下部位贴以不规则小片陶片，以上部位为透明彩色图案覆膜。白天时感受两者间的对比，特别是下部陶片的质感及拼贴对位时的耐心。夜间则体会上部的绚丽色彩和下部由陶片交接处的缝隙流露出来的光隙，为夜间的文化公园增添一份动感（图5）。

6.6　山体东部断壁

窨子山东部接大明路处形成一6~8米的断壁。现状砌筑成虎皮石墙。设计对其进行景观修饰——沿用公园内部的“文化地层”概念，用不同的材质形成不同的纹理，注意采用干垒石并辅以少量仿真文物的形式，呼应用地的古文化遗址性质。其上题字——“窨子山文化公园”（图5）。

图5　坐凳、树池、灯柱设计及山体东部断壁景观处理

6.7 铺装

铺装面积占了整个用地面积的27%，更是占了山下用地面积的40%。在整个公园的景观创造中应被积极利用。设计借鉴了考古地层学中的相关知识，将其平面化，成为所谓“文化地层”的形象表达。这里，由混凝土铺砌的大面积铺地，色彩灰淡沉着，纹理不规则、无定向，正可表达“生土”的概念——未有人类活动前天然堆积的土层；而间断出现的各色铺装带色彩多样、规格各异，其上还断续出现不明花纹——对应的是不同时期人类活动的文化堆积——所谓“熟土”。

6.8 茶室

利用山体西南部的两处民居基础，加以改造作为公园管理用房和茶室。屋面材料选取茅草覆盖，渲染一种朴野的氛围。同时注意草、木、石材的对比和组织，强调一定的趣味性表达。

7 竖向与种植设计

7.1 竖向设计

竖向设计工作包含两个方面的内容。一是对山体，包括一些现存台地、挡墙的维护。二是对山下部分原地形的整理。原有地形的走势得到保有，同时最小排水坡度3%要得到保证。

7.2 种植设计

因为山上的绿化覆盖率较高，且不用考虑树种更新问题，所以种植设计工作集中在了山下。

有数的几处集中绿地上的绿化采用乔灌草搭配和自然式的种植方式，树种选取可参照山上现有树种，以当地植物为上，地被也考虑为当地草种——所谓“春风吹又生”。

铺装场地上的绿化则由树池解决。树种考虑为珊瑚朴及香樟，根部点缀时花。既能保证视线的通透——利于山体形象的展示，花卉的运用还可为古遗址的肃默状态增添亮色。

（注：工程建设前应进行必要的考古挖掘，并以挖掘成果作为依据对应调整设计方案）

分裂与统一，战争与和平[①]
——台州市一江山岛战役遗址公园规划设计

Accurate Positioning and Essential Designing
—— A talk about Designing of Relic Parks Based on YiJiangShan Island

摘　要：战争过后的遗址、遗迹承载着沉重的民族历史，战争遗址公园是人们缅怀历史的场所。台州市一江山岛战役遗址公园曾是著名战场的海上孤岛，因其重大的军政文化意义、独特的海岛建设条件及现实敏感的两岸关系处理，在沉寂多年后如今重现光辉。其总体定位为一处纪念战争、追思和平、期待统一的国家战争遗址公园，其具体的设计手法包括审慎设计、最小干预和低碳建设等三个方面。

关键词：战争遗址公园；一江山岛；原真性

1　战争遗址公园的设计思考

战争始终存在于人类文明的发展历程，也是我国近代史的重要主题。战争过后的遗址遗迹承载着沉重的民族历史，在和平年代的当下有着特殊的历史文化价值与教育意义。对于战争遗址的保护与利用，国内外学者已经提出了多样化的思路，其中，遗址公园是现代开展得较为广泛的保护发展模式。战争遗址公园是人们缅怀历史的场所，在这里，我们叙述历史、纪念历史、勿忘历史。

在战争遗址公园的设计过程中，主题定位以及基于原真性保护的设计表达是最为重要的核心内容。

战争是荣光与沉痛回忆的结合体，透过种种遗迹能够回溯当年的经历，人们对战争的纪念终将升华为对和平的寄思。从主旨上看，战，是为了不战。尽管战争遗址公园的各项设施需要契合战争主题，但它的最终愿景是为了弥合伤口，而非加深裂隙。因而在主题立意上要以和平为第一位。同时，作为以保护和宣教为主要目的的遗址公园，其文保单位的属性要求在设计与建设中尤其注意原真性的保持，决不能因为开发而任意扰动遗址环境从而丧失原真性。

① 本项目曾获全国优秀工程勘察设计行业奖之优秀园林和景观工程设计二等奖（2017年）、浙江省建设工程钱江杯（优秀勘察设计）综合工程一等奖（2016年）。

图1　从遗址公园山顶俯瞰码头与接待中心

作为国内保存最为完好的海岛型战争遗址，台州市一江山岛战争遗址公园因其重大的军政文化意义、独特的海岛建设条件及敏感两岸关系处理，成为具有典型意义的研究案例（图1）。

2　背景——稳定台海的最后一战

一江山岛属浙江省台州市，位于浙江省东部沿海、椒江口台州湾之东南方，主要由南一江、北一江两个岛屿组成，面积1.2平方千米。本次设计主要针对两岛中的北岛。其山势险峻，岸线曲折，岩石嶙峋，面积约88公顷（图2）。

一江山岛因为1955年1月18日的登陆战役闻名于世。当时由张爱萍将军指挥的解放军海陆空三军战士，联合协同作战，在一江山岛大败美国政府帮助下的国民党军队。进而迫使其撤退大陈岛。解放一江山岛战役是我军历史上首次海、陆、空三军联合作战，标志着我军现代化作战方式的发展和战斗力的提升，是我军战史上一个具有划时代意义的里程碑。它是解放浙东沿海的决定一战，也是揭幕和平统一的最后一战，此役之后两岸格局基本形成，延续至今。

这场战役在岛上留下了丰富的战争遗迹，包括由80余处被炮火破坏的碉堡及6000余米层层环绕的战壕组成的环形防御体系，包括共约20座的国民党守军及战后解放军驻岛部队的遗留营房，也包括了散布全岛的弹坑、工事等战场遗址（图3、图4）。

图2 一江山岛鸟瞰

图3 通东昌村军营遗址

3 现状——独悬海上的沉默孤岛

在局势稳定、战略意义逐渐消退之后，军方陆续离岛。一江山岛最后又回归成为一个无人岛，偶作过往渔民的避难所使用。海上孤岛的特质致使一江山岛在人们的印象中始终定格在硝烟弥漫的那一天，成为封存近60年的战场“活化石”。这天然地保证了战场的原真性和代表性，使之具有国内罕见的高品质战役遗址资源。同时也自然限定了人们对小岛开发的种种“非分之想”，即使是在讨论战争纪念时：动作的方向必须是严肃的，对应的态度必须是谨慎的；动作的强度应是有限的。这也是尽管社会各界对一江山岛倾注了高度关注，当地政府近年来对其编制多个规划，也尝试了数轮开发，但均屡试未果的原因。其交通可达性差、生活资源匮乏、气候环境恶劣、游赏时空受限（根据分析，去除台风和强冷空气影响，全年旅游天数仅约为100天）、施工条件艰苦，致使一江山岛成为全国百个爱国主义教育基地之中唯一一处尚未对外开放的场所，成为一处受高度重视的“空白”。

4 立意——追思和平、守望统一

立足历史，放眼当下，设计认识到项目的核心精神是由两岸分离望和平统一。当年的交战双方本为同根、皆是手足。这场国殇在时间的长河中慢慢洗练，洗去血泪、洗去对立，留下的是分离多年的兄弟对和平统一的期盼，对归根落叶的渴望。

基于这样的主题立意，设计确定了本遗

图4 战壕遗址现状

图6　纪念碑、纪念广场与战争纪念馆

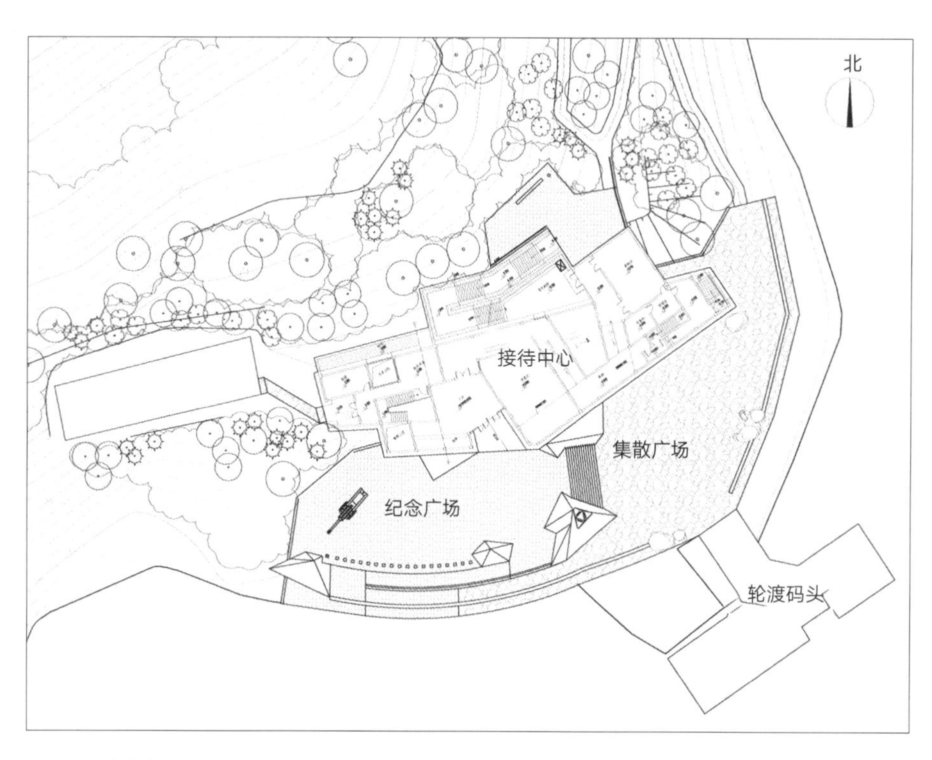

图7　码头广场平面图

址公园的总体定位为：集纪念战争、追思和平、期待统一于一体的国家战争遗址公园。并进而在功能布局和游览动线上也考虑了这一核心立意的层次递进与节奏变化。

驱船经过，远望一江山岛仍是一座孤岛，直到驶近码头，昂扬挺立的纪念碑便映入眼帘（图5～图7）。停船上岸，码头广场西部散落的尖锐、沉默的红锈板“礁石”，传达了登陆作战环境的恶劣，更反映了战士们“一往无前”的钢铁意志。纪念碑挺拔向上，昂然靠前，也传播着昂扬的“一江山精神”。建筑以当地块石和红锈板铸就，照应了战场遗址的沉默属性，也固守着这沉默中的

图5　纪念碑与战争纪念馆

记忆。建筑依山而建，水平铺展，外观封闭而平静，内部游线迂回往复，仿佛在坑道、工事中穿行。在通过了序厅、冥想厅、展廊、影视厅之后，到达和平祈愿厅，其两侧石壁镌刻双方军士名录，游人也在此拾级而上，在缅怀英魂的追思中，顺势开展登岛之旅。

一路向东依山行进便会来到东昌村军营遗址区，攻守双方前后均在此设营，因而此处也是营房遗址保存最为完好的场所，具有很高的军事体验和历史保护价值。设计在此营房区域整理地坪、仿建当年的训练器械，展开具有一江山特色的模拟登岛训练场地，作为游客的体验场所和国防大学生的训练基地，增强了爱国主义教育的趣味性和可参与性。

此后游线开始逐渐爬升，前行之后抵达北岛最东端——向阳礁，这里有着完整的弹坑、残破的弹药库遗迹、隐现的碉堡与猫耳洞以及最壮观的战壕体系群，同时还能够远眺大陈岛。这个遗址密集区使游人仿佛身临战场，感受到当年的枪林弹雨与硝烟弥漫。

随后步道急起上扬，延脊线直指山尖。游客在亲身经历了这一段解放军战士的制胜线路之后，绕过一片当地最有特色的槟柃林，豁然开朗，便达到了本次游线的最高点——203高地，亦是当年的红旗飘扬之处。一组名为“静思台”的主题场景将游览情绪升华到最高潮。其外围隐喻全国省级行政区的34尊景石环绕，中心由两面

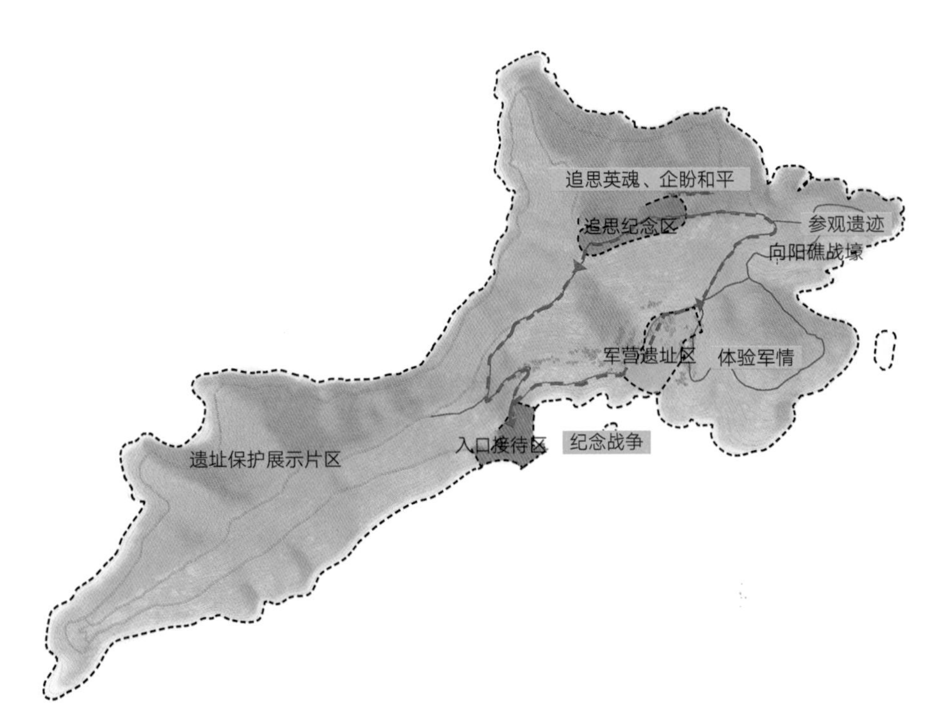

图8　遗址公园功能分区

图9　静思台全貌及细部

相互靠近、螺旋上升的弧形雕塑墙构成静思台的主体，弧墙与地台构成两个相互紧扣的“9”字，意为九九归一，祈求大同。地台上嵌912（393+519）枚铜钉，代表当年双方在战斗中献出生命的912位参战者，通过密集感与数量感让人直观地感受到战争的残酷、和平的来之不易。密密铜钉组成祖国图样象征着统一，并以一颗醒目的红钉指出一江山岛的所在（图9）。外围景石采用当地礁石，每尊刻写一省简称，所组成的圆阵有力地代表了全部34个省市自治区对祖国团结统一的追求。而其中18个省市简称以红锈板制成，代表了来自这18个省市的战士在这场战斗中献出了生命。设计通过这一主题场所，静思战争的沉痛壮烈，追忆为和平捐躯的战士，寄托对和平统一的美好祝愿。

5　手法——敬畏场所、审慎设计

面对恶劣海岛环境下的战争遗址公园，设计明确了三项原则：

一是审慎设计。这是一个严肃的、留有余地的遗址公园，设计以审慎的态度对待战场遗址文化。因此，在整个88公顷的北岛中，本次设计所涉及三个功能区域，其面积之和不足北岛总面积的5%，其中的建筑面积更是极力精简，期望以低姿态的设计来表达对这片土地、这段历史的尊敬。

二是最小干预。在对战场遗址保护之外，尽量通过对现状废弃以及后期建设不当的建筑的原址翻建，拆除或整饬，来满足新的管理服务需求，极力减少对自然环境和文物环境的扰动，实现最小干预下的有效利用。梳理了现状的基本废弃的渔民房，对其中三座加以改建成为后勤管理用房、设备用房及后期住宿点。在码头，拆除与遗址氛围不协调的原建烂尾楼，利用其场地建设遗址展示中心兼接待中心。在203高地，搬迁现状突兀的电信基站，利用其基础建设静思台。如此，几乎没有新辟建设用地便满足了本次设计基本的游览及服务需求。

三是低碳建设。考虑到基地海上孤岛这一关键属性，方案在设计过程中始终关注控制资源的消耗，以尊重自然、对话自然、利用自然的态度，审视每一个设计环节。在建筑设计上，尊重地形，倚山望海，平铺展开，仿佛建筑从岩石中生长出来一般，不突兀、不张扬、少动土。在建筑材料选择上，强调耐盐碱、耐腐蚀，优选当地材料（当地块石及礁石）。在植物材料的选择上，我们主要采用的是一江山岛现有的植物，尤其是符合遗址氛围的、具有野趣的海岛植物。

6 结语

最终，在2015年1月18日，由台州市委、市政府、军分区联合举办系列纪念活动如期在一江山岛举行（图10）。而一江山岛战役遗址公园的建成，也借由60周年的纪念活动引起了社会各界、海峡两岸的广泛关注。这全国第100个也是最后一处尚未开放的红色旅游景区也在2015年开门迎宾（图11）。本次设计在总体定位上务实保真、精准定位，这是一个集纪念战争、追思和平、期待统一于一体的战役遗址公园；在具体设计上强调审慎设计、最小干预和低碳建设。项目立足一江山岛“海上孤岛”这一特殊地理环境，挖掘其历史内涵以及现今环境下重要的战争文化影响力，在苛刻的施工条件下提出了具有针对性的解决方案。

图10　60周年纪念时，包括张爱萍将军之子张翔在内的多位将军登岛静思

图11　象征和平的花海弥合了曾经的战争创伤
（图片来源：台州市海洋和渔业局）

（注：本文与余伟、朱振通合著）

风光与人文共流淌[①]

——京杭大运河拱墅段文化景观带概念设计

Scenery and Humanity Flowing Together

— Conceptual Design of the Cultural Landscape of the Gongshu Section of the Beijing-Hangzhou Grand Canal

摘　要：京杭大运河拱墅段沿线集中了杭州沿河的大部分历史遗存，是构成杭州这一国家级历史文化名城的重要历史地段之一。概念设计在保护和挖掘沿线文化资源和历史环境的前提下，以“构建整体连续、局部成环的开放空间体系”为基础，以“实现运河的运输尺度与亲人尺度间的转化”为关键，以“延续运河文化脉络，构建历史追忆空间体系”为特质，形成传统历史遗产文化与现代环境、现代生活和谐统一的运河文化景观带。

关键词：杭州拱墅运河；运河文化景观带；遗产保护；公共空间；亲水性；文化传达

……

哪里去了？

弄堂幽暗的阴影

碎瓦错落的墙院

爬满枯藤的拱桥

斑驳倾颓的堤岸

城北旧事已随河水——逝去

而今君临

这群楼耸峙新路畅达

绿茵织带的河畔

我依然固执打捞

沉积多年的生活底蕴

……

谁的双脚

也不能两次进入同一片河水

时间逃逸而去

文化流下来

……

眺望明天

我惊喜于一帧崭新的图纸

大运河

青春的发育重新开始

——张德强，《鸟瞰》（选自诗集《拱墅运河情》）

① 本项目获中国风景园林学会优秀风景园林规划设计奖二等奖（2011年）。

1 项目概况与综述

1.1 项目概况

京杭大运河作为中国历史上南北交通的主动脉，推动了中国南北政治、经济、文化的交流与发展，维系了一系列运河城市的兴衰，也哺育了杭州的成长。

拱墅段运河沿线集中了杭城运河的大部分历史遗存。是构成杭州这一国家级历史文化名城的重要历史地段之一，是研究运河历史、文化、政治、经济发展的重要实物史料（图1）。本次文化旅游线的概念设计要求坚持保护文化遗产的真实性，保持历史环境的真实性，保护与展示运河沿岸生活与产业结构特色的延续性，形成传统历史遗产文化与现代环境、现代生活和谐统一的运河文化旅游景观带。

本次设计范围：东到丽水路，西至河西湖墅北路、小河路以东，南起长板巷，北至石祥路，全长约5.2千米。

1.2 用地基本情况（图1）

拱宸桥与卖鱼桥两个核心地区已经成形；滨河道路仍然等级太高，人群与河道的亲近不便；缺少横向步行设施，两岸联系不便；两岸的连续状况不一。北段西侧用地预留充分，南侧东岸用地尚可，其余部分不理想。

1.3 历史文化资源（图2）

京杭大运河杭州段沿岸绝大多数的古迹

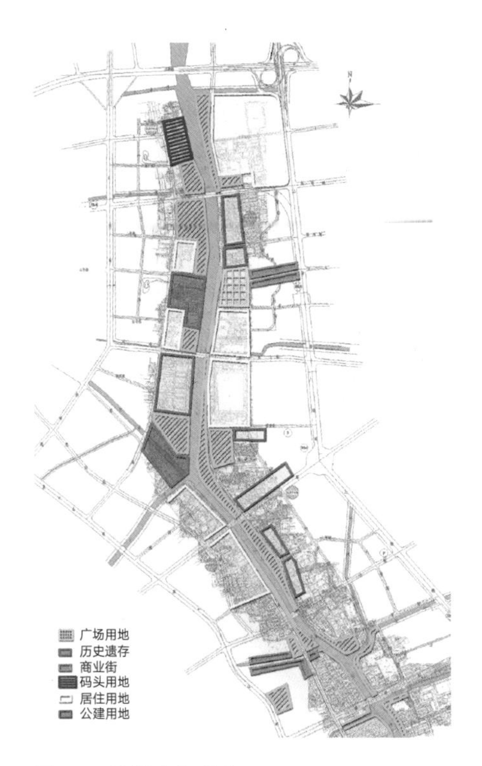

图1 用地基本构成图

位于本段，历史文化资源丰厚，但遗存量少面广。

1.3.1 历史遗存

数量：9处各级文物保护单位——香积寺石塔、高家花园、拱宸桥、洋关、富义仓、杭一棉、如意里、桑庐、中心集施茶材公所等。

分布：零星散落、相对集中、空白段落较多。

种类：民居、桥梁、工厂、义仓、历史街巷等。

1.3.2 重要历史文化资源

（1）北新关：中兴永安桥，明朝为北新关，关下有水门，明时为全国七大关

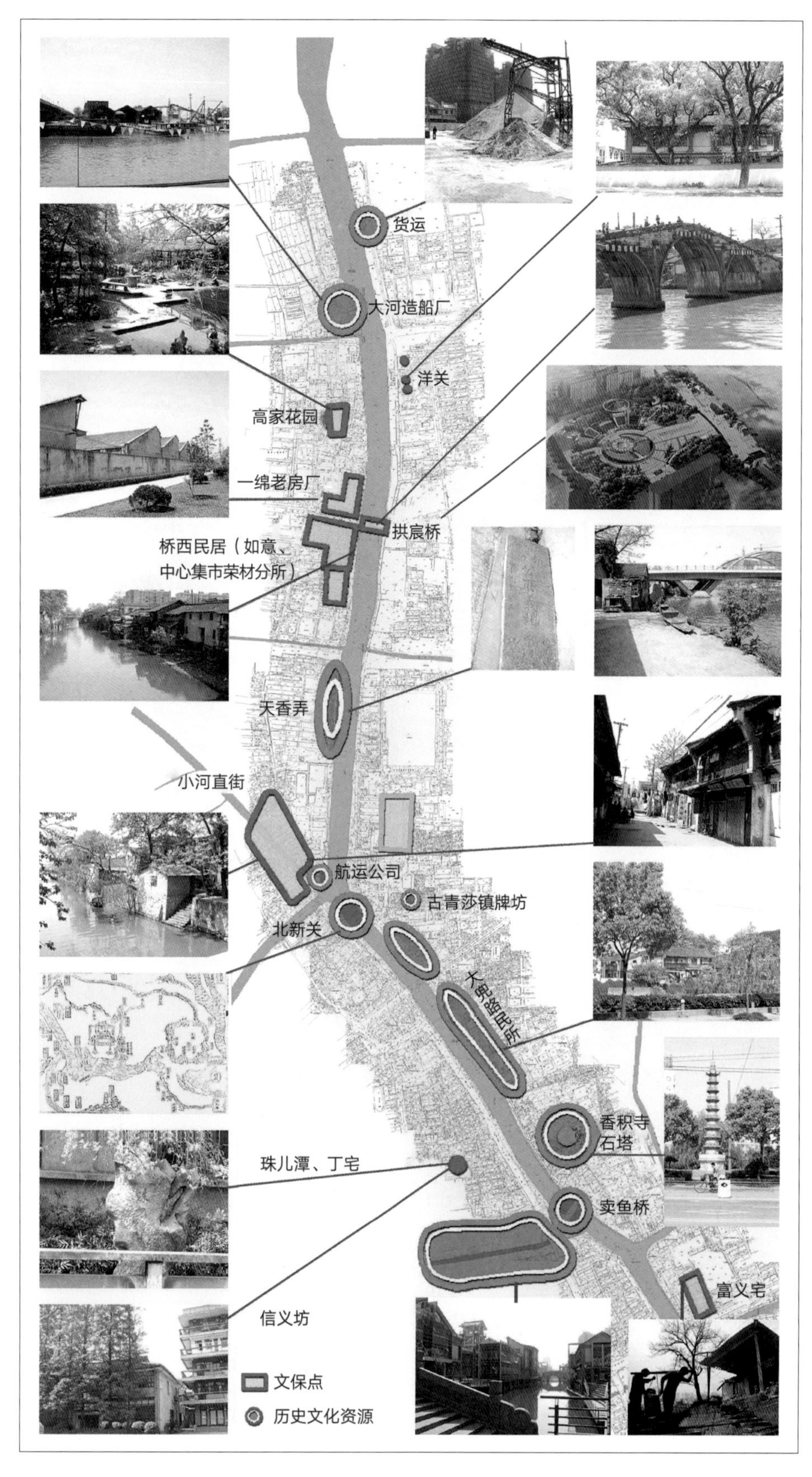
货运
大河造船厂
洋关
高家花园
一绵老房厂
拱宸桥
桥西民居（如意、
中心集市荣材分所）
天香弄
小河直街
航运公司
古青莎镇牌坊
北新关
大兜路民居
香积寺
石塔
珠儿潭、丁宅
卖鱼桥
富义宅
信义坊
文保点
历史文化资源

图2 用地文化资源图

口之一，1686年收税银11万两。[①]

（2）杭一棉：杭州近代工业的肇始。

（3）公所：拱墅地带自古因运河而商贸发达，并形成自身特色市场，包括锡箔行业、米行、纸行等。这些行业的行会均设置于拱墅地区。杭州的城北商会也设于拱宸桥处。[②]

（4）会馆：会馆既与繁盛的商贸来往有关，也与运河所有的文化交流有关。天香弄有7代江苏安徽船民后代，乡音不改；福建会馆在大夫巷、江西会公所在仓基上。[③]

（5）河运及设施：码头——河塍上官家码头；桥梁——北新桥、江涨桥、卖鱼桥；义仓；坝；航运公司——近代内河航运公司总部均集中在拱宸桥一带。[④]

（6）寺庙：天后宫、香积寺、晏侯庙。

1.4 总结

时代本体方面：历史文化与现代生活方式的距离。

遗存方面：繁多的纸质历史资料与苍白的现状间的反差。

用地方面：众多可供发挥之处与单薄的用地之间的不相称。

水体空间方面：历史上主体运河的货运尺度与今人要求的亲人尺度间的脱节。

2 规划思路与总体目标

2.1 指导思想

实现深沉宏大的历史意识与具体亲人的现实关怀间的融合。

2.2 规划理念

2.2.1 生长的运河——它是流动的，而不是凝固的

运河是一条历史的河，是一条从历史中走过来的河。沉积多年的文化底蕴值得打捞。

运河还流动在现实的时空，它不是一条只在历史中流淌的河，新时代的要求也须满足。

因此，强调运河的“生长”概念，同时面对和满足来自历史的信息和新时代的需求。

2.2.2 开放的运河——在开放的空间带中建设开放空间

运河不是一条独自流淌的河流，它贯穿城区南北，染有太多的性格。

每一个局部地段也都是与周边胶合的结果，无法成为一封闭、独立的空间。

因此，强调运河的“开放”概念，在开放的空间带中建设开放空间。迎合或挑剔现实生活、接纳或改造周边建成环境。

① 见《杭州街道路里巷名古今谈》288页；《杭州城池及西湖历史图说》159页；《拱墅区沿运河带景观设计概念性策划》5页。
② 见《杭州城池及西湖历史图说》70页。
③《拱墅区沿运河带景观设计概念性策划》5页。
④ 见《杭州城池及西湖历史图说》69页。

2.2.3 你我的运河——一条共有、共享，进入人的生活的河流

进入人的生活的河流，而不只是一条视觉景观的河流、一条文化理念的河流。

给予游客、居民、市民对运河的不同要求以同等的注意。是一条共有、共享的河流。

2.3 规划目标

运河文化景观带的设计、建造应以改善环境为基础，以保护历史遗产为灵魂，以继承弘扬优秀传统、服务广大游客为目标，促进拱墅区乃至杭州市社会、经济的全面发展。从而将本地区建成一处适应现代生活，有合理功能定位，充满活力，并且有着浓郁历史与文化气息的城市特色区域。

2.4 目标分解

围绕运河文化旅游线的建设这一主题，着力实现三个任务：

（1）公共空间组构。构建整体连续、局部成环的开放空间体系——基础；体现公众属性——区别于其他城市用地。

（2）亲水愿望达成。实现运河的运输尺度与亲人尺度间的转化——关键；体现亲水性格——区别于一般的开放空间。

（3）文化品质传达。延续运河文化脉络，构建历史追忆空间体系——特质；体现文化品格——区别于一般的滨水空间。

3 公共空间组构

3.1 空间属性重塑

除杭一棉外侧有一定宽度的公共绿地外，现状沿河两岸或为各单位单独占有，或因不具备一定的宽度而丧失公众使用的可能，这是运河缺乏活力与凝聚力的重要原因。因此，本次规划要求赋予滨河道路与水体间的空间以完全的公众属性。并赞成本地区前期规划中所考虑的将运河滨水地区公共化，让商业娱乐、文化休闲等公共建筑向运河河边聚集的努力，以及所作的沿河公共空间设置（图3）。

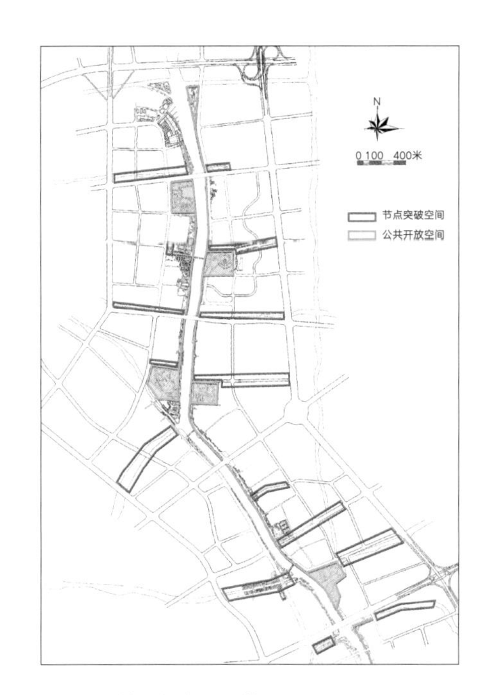

图3　公共开放空间重构

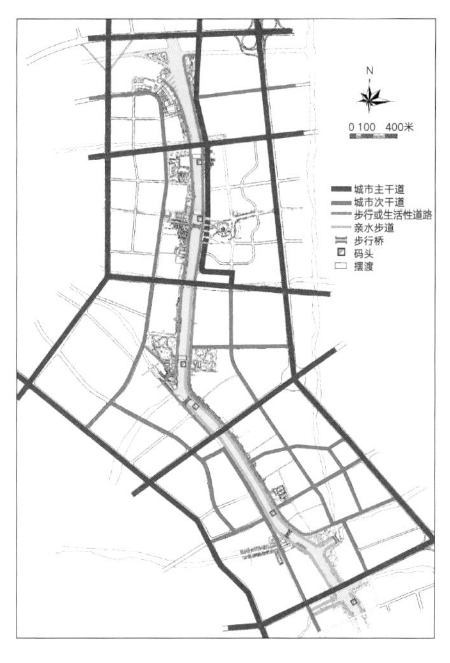

图4　交通组织重组

同时，对于一些具一定规模、有较大腹地的公共空间，如高家花园处的公园、小河处的公园，扩建的紫荆公园、霞湾公园，除了一些恰当的文化景观表现外，还必须充分考虑沿河居民的日常户外休憩需要。在服务对象上要考虑包括老人、儿童在内的全部人群；在功能组织上也要考虑多种尺度的空间组合和动静活动的安排，执行《公园设计规范》中对区级公园的要求。除正在建设的运河文化广场外，也应考虑安排尽可能多的活动场地。

3.2　交通系统重整

降低滨河道路等级，建设连续的陆地亲水步行或低速空间：包括湖墅北路和丽水路，代之以生活性道路。湖墅北路则北上至安全路后，折至和睦路。丽水路南下至嘉兴路后，折至金华路。

增加通向运河的支路密度，提供抵达运河的新的低速汽车与出租车到达点。扩建后的香积寺路尺度不能与周围街坊尺度协调，且刚好位于现香积寺石塔和珠儿潭上，因此，建议取消扩建计划。

增设步行和非机动车的桥梁、摆渡，加强两岸联系。

增加方便的步行系统以供民众到达临近的游赏空间，如与墅园、珠儿潭间的联系。

建设水上观光BUS游览线路。鉴于日后本地段运河的货运功能将得到控制，甚至可能因运河改道而取消（《京杭运河杭州段综合整治与保护开发战略规划》）。因此，建设水上公共汽船，帮助解决中心区交通，并与旅游结合，开展水上观光游览应是“水到渠成”的结果。轮渡站网络的开发同时也有助于建立与运河新的交流方式（图4）。

如此，最终构成一整体连续、局部成环的“与”字形步行道系统和水陆一体的游览网络。提供便利而丰富的体验。

3.3　节点空间突破

打破运河长直单调的感觉，增加运河与城市的联系，因此，有选择地在一些地段放大空间，完成运河和城市间的相互渗透，并有规律地创造视觉和休憩的小空间，为人们创造序列的体验。

码头、桥头、路口是当然的节点空间。同时，在长度超过300米的带状空间上应至少考虑一处放大的空间。

4 亲水愿望达成

4.1 陆域

竖向上的接近：有条件的地方可以将两岸道路标高降低到4.00米（百年一遇洪水位）。与常水位（1.3米）间的距离相对于60~100米的河宽，仍可接受。

平面上的亲近：沿河步道的连续设置。

驳岸考虑分级处理：低处考虑为两个标高：2.6米（警戒水位）或3.6米（20年一遇洪水位）。但是对于北新桥以北地段，或者有大量现状建筑得以保留（桥西民居、天香弄、小河民居）的地段，或者宽度不足的地段，仍然作不分级的考虑（图5）。

亲水台阶的断续设置：联系高处道路与低处步道或更低处的水体，考虑每100米设置一处亲水台阶。

4.2 对水面的利用

进入水面：河道的宽广使得设计时可以占用一部分水体。规划在天香弄附近考虑设置1列船队作为水上旅馆，并可体验船民生活。在景福大厦附近也以船阵的形式安排了1处水上街市。同时还考虑设置低速的游览船只供人沿河游览，切实地体会在水上的感觉。

水面引入陆域空间：在高家花园处的公园陆域面积达5.3公顷。设计在此将运河水引入公园，增加人与水亲和的机会。

5 文化品质传达

5.1 整理和保护作为前提——重点保护、谨慎干预、有效传达（图6）

从“构成国家级历史文化名城的最重要的历史地段之一”这个高度加以认识本地段，丰富杭州的文化遗产类型。

执行《中华人民共和国文物保护法》，划定保护区、协调区。落实《小河直街历史地段保护规划》《杭州桥西——小河历史文化保护区保护规划　桥西部分》。

图5　驳岸分级处理

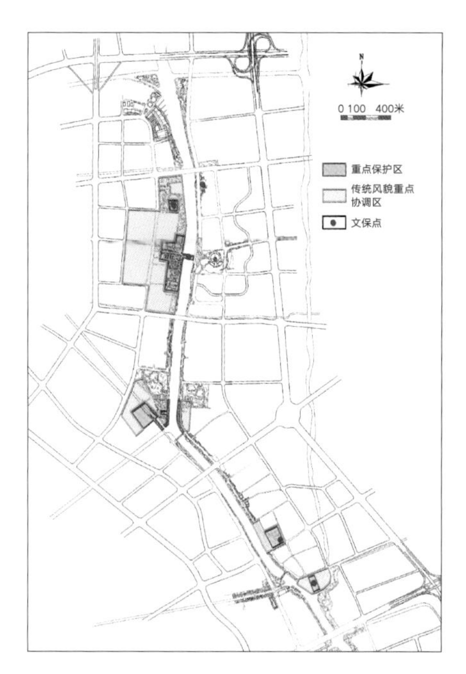

图6 文化景观风貌重点区

5.2 选择发挥的原则

综合考虑文化传承、现实用地条件、旅游开发三个方面。

5.2.1 文化方面

以航运、商贸、市井民情为主要文化要素，加上时间的因素，具体在如下4个方面发挥：

（1）航运（漕运）。运输是运河的最大功能，早期的漕运自不必说，近代以后的杭州内河航运亦如此，所有公司总部均设在拱宸桥的大同街（今丽水路）、富义仓。

（2）沿河商贸。北新关、拱宸桥城北商会、杭城各行业公所、杭城同乡会馆。

（3）沿河船民、居民生活。民居、杭城同乡会馆——福建会馆、宁波旅杭同乡会。

（4）近代工业+开埠。

5.2.2 用地方面

（1）选择现实有基础的、仍有相当遗存的地段加以发挥，如拱宸桥、小河地段。

（2）对于运河及拱墅的历史认知方面富有意义的场所。如富义仓、新码头、杭一棉。

（3）富有人情味，或有相当情节化的民间、民俗地段。如小河地段。

（4）可以整理在一起，从而发挥规模效应的地段。如卖鱼桥地段，可以会馆文化、航运文化、商贸整合。

5.2.3 旅游活动

了解历史——拱墅历史、运河历史等。

体验生活——船民文化、会馆文化等。

5.3 结构体系

设计提炼出“一线、二带、四片、多点”的结构体系。

一线：运河沿线统一考虑两个方面的内容：

运河旧有河运设施意象性的表现（包括有选择的恢复）；

亲水空间的安排。

二带：

运河北段西岸的居住文化带（桥西的离水里弄民居、小河的沿河民居）+水上旅馆；

运河南段东岸的商业文化带（大兜休闲商业街、信义坊商业街、景福大厦）+水上市场。

两带在合宜位置点缀小品，说明古意。

三片：

拱宸桥地带：以拱宸桥为标志，以运河广场、桥西民居街巷、杭一棉保留厂房为重要文化游览点。以综合反映运河文化、重点表现民居街巷和近代杭城工业发展史为特色。涉及高家花园和洋关，并连接台州路商业街（图7）。

北新桥地带：以“北新桥”为标志，以小河直街民居、北新关旧址、紫荆花园为重要文化游览点。以表现旧时水上生活、拱墅建城史、运河航运史为主要内容。并涉及商贸文化、移民文化等内容（图8）。

江涨桥地带：以步行化的江涨桥和异地重建的卖鱼桥为标志，结合三河六岸，以大兜休闲商业街、信义坊商业街、水上街市、香积寺、富义仓为主要文化游览点，展示沿河的特色商贸文化、宗教文化、仓储文化，并接连得胜坝。

6 文化景观点处理意象及其他

6.1 风貌协调区的建筑控制

风貌协调区远比保护区的范围来得广大，对于风貌的控制是个重大的问题。对此，国际上也存在多种观点，但在一个方面认识渐趋一致，即采取完全的仿古手段以求协调的策略是弊大于利的——文化的真实性会因此丢失或混淆，包括历史的真实进程也会因此被掩盖。运河两岸目前已有相当数量的现代建筑起立，自身也无法作为一个封闭的环境处理，所以在考虑风貌控制时，更应该放弃过分强调“仿古以求协调”的方法，体现出一种开放的姿态和时代的气息。事实上，信义坊的建设也可作为这方面的一种实践。

6.2 重要文化景观点处理意象

会对运河沿岸景观风貌产生影响的景观点包括：联系两岸的桥梁（包括机

图7 拱宸桥地段桥西直街景观意向

图8 北新桥地段天香弄水上旅馆景观意向

图9　原址转化成景观小品的河边吊车

图10　里程碑及河运设施小品

动车桥和步行桥）、河边的码头、河上游行的船只以及陆域步行带上设置的景观小品。

桥梁：既承担联系两岸交通（包括机动车桥和步行桥）的功能，同时也是沿岸景观的重要构成部分。可为地段的风格提供一个先在的印象。

舟、艇：船是运河中流动的风景。对观光船的设计可考虑两层，其中顶层考虑为露天平台。另还可考虑船的不同组合方式——船阵与船列：以真实尺度的船只，通过不同方式的组合，分别标识船的不同运行状态。并构成不同的景观意趣。

里程碑及河运设施小品：距运河沿线重要城市的距离；收集重要航运公司名称、标牌。以传达运河所特别具有的长度与气度（图9、图10）。

蓝绿交织，城景相融[①②]

——宁波鄞州中央公园的规划设计

The Water Space and Landscape Space Connection and Urban Landscape Integration

—— Planning and Design of Yinzhou Central Park in Ningbo

摘　要：结合宁波鄞州中央公园规划设计的实践案例，探索中央公园作为城市绿色公共空间的重要意义。设计中深度思考并特别关注“城园关系”“人园关系”的和谐共生。从“当代大型城市公园的新任务”“开放空间系统”“区域性发展的催化剂”等方面综合分析公园在城市品质提升上的战略意义。围绕“生态鄞州、活力鄞州、和谐鄞州”的城市总体追求，以蓝绿交织的湿地水域景观、多元文化交流为特色，强调城园互动、城景相融、和谐共生的时代气息，建设集生态保护、科普教育于一体，突出绿色休闲、具有生态标识的公共活力中心。

关键词：风景园林；蓝绿空间；城景相融；和谐；城市公园

1　前期研究

1.1　区位

宁波市鄞州中央公园[又称鄞州公园（二期工程）]位于宁波市鄞州区中心地带，以建成的鄞州公园一期为起点，西临奉化江，北至首南西路，南至日丽西路。公园用地南北宽约300米，东西长达2000千米，长宽比大约为6：1。总用地面积为46.6公顷（图1）。

作为城市结构性的存在，鄞州中央公园是鄞州新区未来的核心区块和重要的城市生态廊道。周边用地集行政办公、商业金融、居住娱乐和文化旅游为一体，是现代产业发展的新高地。公园在建设过程中，努力寻求城市和自然的平衡发展，保持生物多样性和生态廊道的连续性（图2）。

1.2　周边用地

公园北侧为居住及行政办公用地；南侧多为商业金融用地；东侧向西至奉化江，为

① 本文已发表于《中国园林》，2020，36（S2）：37-40。

② 本项目获全国优秀工程勘察设计行业奖之优秀园林和景观工程设计一等奖（2019年）、浙江省勘察设计行业优秀勘察设计综合类一等奖（2019年）、中国风景园林学会优秀风景园林规划设计奖三等奖（2011年）。

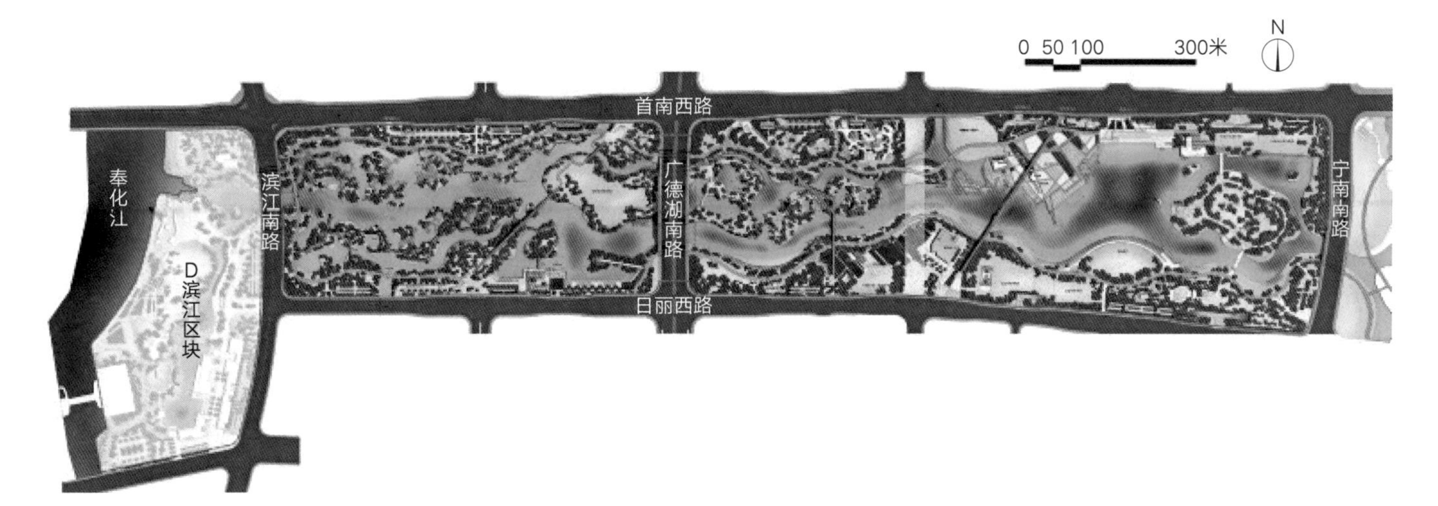

图1　鄞州中央公园总平面图

新城中心景观带沿江拓展的支撑点，具有重要的战略区位。分区规划中基地南部为金融和文娱用地，城市设计将地块用地性质全部调整为公园绿地。

2　设计要点

在设计之前，根据对基地的认知、上位规划的研究，以及深入挖掘场地特征后，深度思考以下几点。

2.1　促进人际和谐

鄞州中央公园在设计之初就自觉承担起促进“和谐”的任务。城市化快速发展的今天比任何一个时期更加迫切期待和谐人际关系与和谐人地关系。

对鄞州而言，这种期待或许更加真切而现实。鄞州由于自身足够发达，且拥有特别的经济社会发展水平，使其比全国其他城市对于如何“和谐共生”更为敏感。特别是2007年以来，针对目前外来人口已占鄞州人口总数的50%以上的现实，2007年以来，当地政府发布了一系列促进“新鄞州人”融入当地社会的举措，坚持科学发展，共建和谐社会，在鄞州不仅仅是一种思想共识，更是一种身体力行的社会实践。

2.2　促进绿色发展

鄞州中央公园作为大型绿色开放空间的存在，除了一般大型公园自身所具有的复杂性对专业上的挑战之外，着力探讨在新的时代要求和技术条件下，大尺度的城市中央公园对城市及城市生活的多种贡献。同时，试图做出自己的回答，即在维持公园作为绿色交往空间这一主体之上，综合发挥其区位优势和规模优势，充分考虑城市与公园的相互渗透与融合，围绕“富有湿地特征的城市中央公园”总定位，特别强调“全民覆盖”的共享公园——激发和谐的人际关系、“活化生态系统”。贯穿整个开放空间系统的生态走廊也将有助于在不同的开放空间与生态环境之间建立统一的联系与平衡。

图2　鄞州中央公园鸟瞰图

图3　多元文化广场及中心湖区

3　总体设计

3.1　目标

围绕“生态鄞州、活力鄞州、和谐鄞州”的城市总体追求，综合考虑公园规模、区位条件及结构性存在的地位，确立本公园的建设目标为：以蓝绿交织的湿地水域景观、多元文化交流与培育为特色，强调城园互动、城景相融、和谐共生的时代气息表达和地方色彩表现，建设集生态保护、科普教育于一体，突出绿色休闲、具有生态标识的公共活力中心。

3.2　布局结构

鄞州公园（二期工程）的总体布局结构为“一带、双核、三区”。

（1）一带：整体蓝绿公园带。

（2）双核：自然生态核心＋城市生活核心（为西侧邻近奉化江的自然生态核心，以及东侧靠近鄞州政治、经济、文化中心区域的城市生活核心）。

（3）三区：三大主题功能区块，公园自东向西依次为都市活力区、湿地体验区和湿地保育区，以丰富多样的景观空间与休闲活动满足市民的多种游赏需求。

图4　鄞州灯塔

图5　文化活动区

图7　景观服务建筑

图8　湿地路亭

3.3　分区内容

（1）都市活力区（图3～图6）。

该区位于公园最东端，设计了公园中最具包容性的广场及草坪空间，支持多样人群的聚集活动，凸显公园广场组织现代城市户外交往空间的功能，渲染城市生活的“喧闹”和“快乐”色彩。

（2）湿地体验区（图7～图9）。

强化休闲体验，形成一处野趣盎然的文化休憩空间。“老房子茶室”就地取材，利用原有拆迁的砖石建造，保留和延续场地原有的特征和肌理。设置一处儿童游憩场地，在保证安全的基础上追求体验区的多样性与趣味性。

图6　五人制足球场

图9　湿地栈道观景台

图10　空中栈道

图11　主园路

（3）湿地保育区（图10～图14）。

利用自然生态修复的手段，按鸟类栖息地的营建要求，提升水环境，深度刻画水陆空间及植物空间，吸引多种水鸟和林鸟，激发全新的自然活力。“秋日芦絮飘，鸟影度疏木”成为整个公园最为灵动的区域。

4　创新特色

4.1　蓝绿交织，凸显湿地水域景观，“活化生态”的系统设计

改善水环境与活化水空间的低影响生态模式，着眼于食物链底层生物生存空间建设，构建完整的生态庇护地和生物通廊系统。建立生态安全基底——鄞州中央公园的建设是鄞州新区城市生态安全的重要基础。蓝绿交织的绿廊会对生长在城市密集区中的生态性进行有效维护。

4.2　城景相融，展现城市绿色生长的畅游体验

自然引领，融合城市。城园关系、城景交融的重点处理，全面开放，采用架空栈道构建多层次、全覆盖的立体畅游网络。城市融入绿色生活——保证鄞州公园的吸引力与活力，蓝绿空间不是生态隔离带，而是城市活力的缝合带。城园的开放空间，多元、立体的慢行交通，城市客厅的生活轴线，共同编织绿色空间的网络。

4.3　和谐共生，打造全民共享公园

围绕“和谐鄞州”，强调“全民覆盖”，重视培育现代城市“多元、开放、包容、向上”的公共文化精神。有利于维护城市可持续发展、保障城市生态安全，实现人与自然和谐相处、共生共荣。

图12　观鸟屋

图13　湿地保育区

4.4　激活区域价值

审思公园与周边地区的关系，公园建设随着城市发展逐渐由中心向周边进行扩散，其价值不只在于其自身，更重要的是带动周边地区的发展，聚集最具活力的城市功能，实现城市整体的价值提升。未来以鄞州公园为线索联动南北两侧和奉化江沿岸用地，将成为一条“中心”到“拥江”的强力发展轴。

5　结语

作为生态文明语境下的风景园林设计，宁波市鄞州中央公园项目对整个城市有着举足轻重的生态核心作用，这一价值观已深入到项目的每一个角落。党的十八大提出的生态文明建设理念，更加坚定了我们的信心，鄞州中央公园会成为生态文明的传播者，成为人与自然的强劲纽带。

公园城市是新时代背景下城市人居环境发展的新目标与新阶段，鄞州中央公园特别关注城-园关系的再造，关注公园与城市在交通、蓝绿空间、功能上的共享共融，关注给城市人群带来新的互动场景与交流平台。我们不仅仅想设计一座公园，更想营造一种文化氛围，创造一种生活状态，带动一片城市绿色发展。我们希望她是属于这座城市每一个人的公园，更希望她能将这个城市变成一个美好的公园。

图14　人行景桥

（注：本文与陈漫华、余伟合著。文中图片除注明外，均由黄行舟、施峥拍摄或绘制）

一城湖山至美处，满眼绿意繁华中[①]
——基于城市绿色发展转型的浦江金狮湖公园地区规划设计

Planning and Design of Jinshi Lake Park Area in Pujiang County Based on the Concept of Urban Green Development

摘　要：浦江金狮湖公园地区作为浦江县城区的公共景观中心，在规划设计中通过“基于城湖一体理念的金镶玉式布局”和“基于海绵城市理念的生态设计与水质管控”，强调了“基于健康生活理念的环湖休闲游赏与慢生活组织”和“基于地方文脉的文化传达与空间营造”，最终将其建设成为一处兼得山水之美与都市繁华的浦江中心地区，也成为促进浦江绿色转型发展的核心触媒和新地标。

关键词：浦江县；金狮湖公园；城市绿色发展；五水共治；城市更新

1　项目概况与基地特征

1.1　项目概况与建设背景

本项目位于浙江省浦江县城区地理中心位置。基地西接浦江老城区、东邻经济开发区、北面仙华山风景区、南靠浦阳江及江南市场区。金狮湖公园是金狮湖区块的生态核心，是县城最重要的公共景观空间，南北长约1300 米，东西宽650～1300米，本次规划设计范围约84.4 公顷，其中环湖路以内面积约70.2公顷，大小金狮湖水域面积约24.1 公顷（图1）。

由于多年来位于两大城区的交接地带，以及浦江早期水晶产业的无序发展，金狮湖水库成为当地的“黑水壶”，一度是浦江糟糕、肮脏、杂乱的地方之一（图2、图3）。在始于2013年底的“五水共治”行动中，时任浙江省委领导针对浦江专门做出批示，要求从污染最严重的地方率先取得突破。金狮湖公园及环湖地带的整体建设就成为浦江落实绿色转型发展理念的重要战场。

① 本项目获浙江省建设工程钱江杯（优秀勘察设计）二等奖（2018年）、浙江省优秀城乡规划设计三等奖（2016年）。

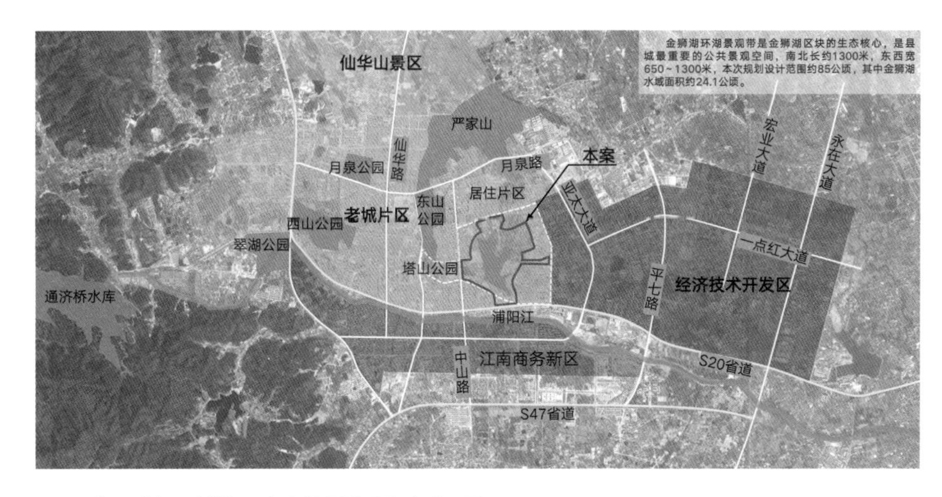

图1　位于浦江县城地理中心位置的金狮湖公园地区

1.2　基地特征提取

（1）区位核心、城湖交接

基地不仅位于金狮湖区块核心，而且位于浦江城市的中心，对城市公共开放空间的贡献巨大，需要突出其聚核作用，同时衔接城市功能，强调滨水公共开放。

（2）多层山水、曲折水岸

结合现状基地条件，利用现状谷地、水湾，打造多样化的亲水空间。

（3）面积较大、绿地较薄

公园整体面积较大，但周边绿地较薄，需对环湖地带作整体性及系统性的组织。

（4）遗存独特、文化多元

应充分发掘基地可利用的景观资源（如工业遗存、现状山头、植被、水塘、水塔），进行特色化利用。同时提炼浦江文化特色，包括书画文化、水晶文化等，特别是正在展开的治水文化，融入景观设计。

1.3　格局判断（图4）

（1）联动布局、核心集聚。生态、功能、文化的均衡统筹布局，做到全面覆盖、各有侧重，形成价值的集聚效应。

（2）边界渗透、滨湖开放。沿路一侧考虑跟城市功能的互动，功能上共生共进，滨湖强调大气、开放的亲水空间。

图2　金狮湖水库：2014年之前的浦江黑水壶

图3　金狮湖水库现状影像图

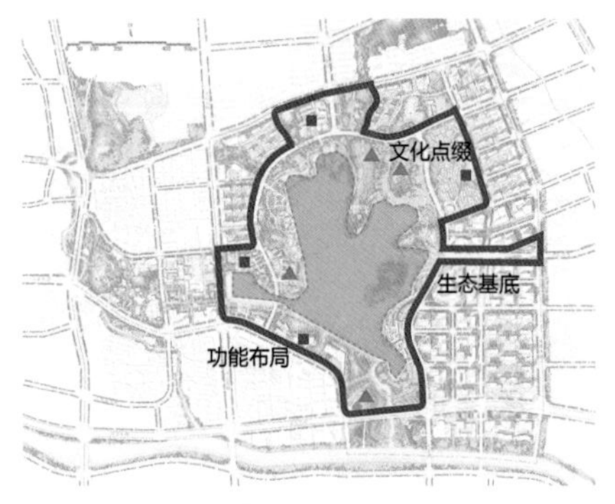

联动布局、核心集聚

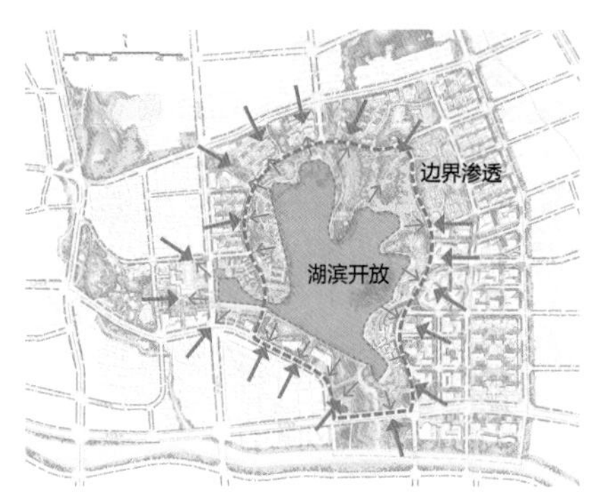

边界渗透、滨湖开放

视廊控制、借景山水

图4　城景关系总体格局判断

（3）视廊控制、借景山水。强调重要空间视廊的打造，留出透景线。

2　总体设计

2.1　设计思路

规划立足四大基本特征：中心区位、湖山资源、优势规模、转型契机；强调两大使命：提升市民幸福指数、促进城市转型发展；解决五大问题：开放空间的有效建立、公共功能的高效布局、水陆关系的多效组织、生态系统的健康持续、地方文化的积极表现；实现五大目标：城市的绿色发动机、公共的开放休闲区、文化的多元激活场、市民的健康加油站、浦江的城市新名片。

2.2　总体目标

最终将金狮湖环湖景观带建设成为以自然湖山为基底，以公共开放为属性，以绿色休闲和地方文化交流为特色，以生态保育、文化体验、康体活动、水源调蓄为主导功能，集休闲商业、创意产业等于一体的城市中央地标公园和文化休闲旅游综合体，成为金华地区乃至浙江省城市绿色转型发展的示范项目（图5）。

3　总体布局

一环六廊三片，六区十景四地标（图6、图7）。

一环：金狮湖慢行游憩环。

图5 总体鸟瞰图

六廊：东山公园—湿地水花园通廊、仙华山—柳浪荷田通廊、仙华山—田园虫语通廊、一点红景观大道—金狮呈祥通廊、南山—浦阳江—堤坝—金狮湖通廊、塔山公园—小金狮湖—金狮湖通廊。

三片：人文体验景观风貌片、动感都市景观风貌片、自然生态景观风貌片。

六区：工业遗存展示区（厂房遗存展新颜）、书香文创休闲区（湖城之间藏画乡）、康体活动休闲区（林荫湖畔揽湖光）、湿地田园游览区（多层山水流溢彩）、滨湖广场活力区（水波荡漾秀活力）、红砖商业休闲区（水塔红砖新天地）。

十景：南堤拂晓、水晶花影、金狮呈祥、湖心云影、田园虫语、临湖揽月、清风望湖、书香晚韵、柳浪荷田、滚地龙舞。

四地标：有美阁、城市之花、板凳龙水上观景台、保留水塔。

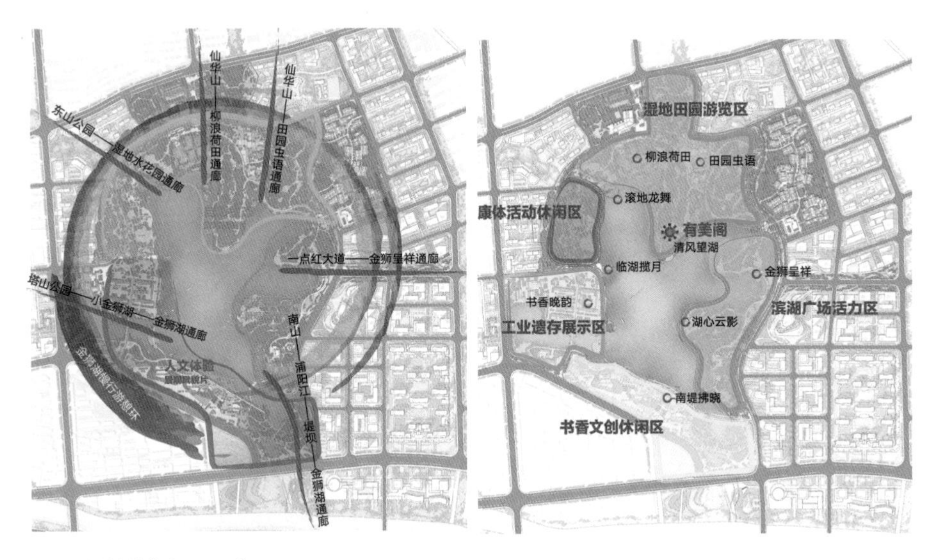

图6 规划结构与景观分区图

01 小金狮湖
02 书香晚韵（手工艺活态展示馆）
03 老桁架剪纸艺术展廊
04 滨湖码头
05 荣誉林
06 荣誉屋

07 临湖揽月
08 水上栈道
09 休闲构筑物
10 活动场地
11 滚地龙舞（架空栈道）
12 水榭

13 柳浪荷田（湿地保育展示区）
14 清风望湖（有美阁）
15 金沙戏水
16 山谷花溪
17 农耕茶院
18 农耕展示馆

19 田园虫语（园艺体验田）
20 北入口
21 林荫步道
22 休闲栈道
23 管理用房
24 金狮呈祥（滨湖亲水大台阶）

25 锦绣飘带
26 水上花洲
27 林荫停车场
28 红砖水岸茶饮
29 保留利用水塔
30 南堤拂晓（临水栈道）

31 创意办公建筑
32 林荫广场
33 镜面水景
34 望江挑台
35 景观水面
36 休闲餐饮建筑

37 大金狮湖
38 水幕电影
39 旅游集散中心
40 旅游度假用地
41 骑行道
42 公厕

43 湖心云影
44 小金狮湖新天地
45 入口景观轴

图7 总平面图

图8　老厂房保留的大树与亲水平台

图9　手工艺活态展示馆

4　主要分区详细设计

4.1　工业遗存展示区

4.1.1　定位

以书画、手工艺等非物质文化遗产为主要展示内容，老厂房为空间载体，形成以文化展示体验、滨水休闲餐饮为主导功能的区块。

4.1.2　主导水陆关系

滨水步道及亲水广场（图8）。

4.1.3　主要景点设计

（1）手工艺活态展示馆：利用老厂房内部大空间作为浦江非遗文化的活态展示馆。保留现状老厂房的内部钢结构桁架，形成一处剪纸艺术户外展廊（图9）。

（2）城市荣誉林与荣誉屋：利用原来老厂房的废砖，建设一处集中展示浦江荣誉市民的陈列室，成为一处彰显城市文化精神、表彰先进市民的场所。

（3）板凳龙水上观景台：深入水体之中的大舞台上，飘逸的板凳龙形景观构架下人群的欢声笑语，彰显着都市的活力与朝气。

4.2　书香文创休闲区（湖城之间藏画乡）

4.2.1　定位

整体以覆土绿化为基底，突出公园属性，形成以沿街林荫广场、创意办公、架空层商业内街、屋顶休闲商业为主导功能的一处文创、展示、商业休闲区。

4.2.2　主导水陆关系

高处堤坝、亲水平台。

4.2.3　主要景点设计

（1）望湖大平台：结合现状堤坝，面湖以树阵草坪的形式，保证沿湖视线的通达，局部几处水晶状建筑凌驾于平台之上，隐匿与绿色坡地之中，并结合户外平台设置露天茶座，湖景尽收眼底（图10）。

（2）浮桥栈道：由于堤坝与水位之间存在较大的高差，因此沿着堤坝设置一处临湖栈道，贴水而走，更加融入湖面，增强亲水体验（图11）。

图10　平台远眺有美阁及仙华山

图11　浮桥与栈道

4.3　湿地田园游览区（多层山水流溢彩）

4.3.1　定位

以自然山水田园为基底，强调视线通廊的塑造，形成以湿地游览、环境教育、园艺体验、亲水体验及名人工作室为主导功能的区块。

4.3.2　主导水陆关系

湿地水湾、山谷溪流、水上花溪。

4.3.3　主要景点设计

（1）柳浪荷田：保留场地现有田字状水田及垂柳滩，并栽植大片荷花（图12）。

（2）环境教育馆与低碳花园：围绕“生态、低碳、再利用、可持续”的核心思想，从不同的角度和层面来表现低碳的理念和内涵，成为周边学校的低碳教育示范基地。

（3）园艺天地与园艺体验田：保留场地乡土元素——田，以浦江的小学为单位，设置“责任田”，通过劳动了解人地关系，了解植物的秘密，让市民与公园建立密切的关系。

4.4　滨湖广场活力区（水波荡漾秀活力）

4.4.1　定位

以湖心岛围合形成内向湖面，以滨水广场、台地树阵、飘带状花池为主要表现手法，打造一处市民活动交流的厅堂与城市魅力展示的窗口。

4.4.2　主导水陆关系

滨水台地广场。

4.4.3　主要景点设计

（1）金狮呈祥：景观轴线尽端设置滨水台地广场和音乐喷泉，栽植时令花卉，

图12　湿地水湾与柳浪荷田

图13　滨水舞台

图14　保留的孤岛与金狮“小舟”

营造广场的热闹气氛（图13、图14）。

（2）草坪音乐会：位于湖心岛北侧，面向滨水台地广场和金狮呈祥主题喷泉，通过布置弧形廊架，结合草坪开展草坪音乐会等户外演出。

（3）江南国学馆及孝义文化课堂：湖心岛上布置两组民居小院，并开展国学讲堂、孝义文化讲堂、弘扬中国传统文化。

4.5　红砖商业休闲区（水塔红砖新天地）

4.5.1　定位

以红砖艺术为特色的滨水休闲商业街。

4.5.2　主导水陆关系

滨水商业广场。

图15　红砖艺术商业街

4.5.3　主要景点设计

（1）红砖艺术商业街：以场地原有红砖农居为元素，临水布置滨水商业建筑，临路结合保留水塔，改造为观景塔，并通过建筑围合形成组团式商业街，集餐饮、休闲、滨水活动于一体（图15）。

（2）水幕电影及入口水轴：入口以景观水轴引导至水面，临水设置嵌草看台，在广场边缘设置水幕电影，丰富夜间景观。

5　主要特色

5.1　基于城湖一体理念的“金镶玉”式布局

围绕“湖上花园城、浦江智慧心”的新区定位，依托本项目的核心区位和规模优势，激发并放大本土生态、休闲、文化潜能，促进城市与金狮湖在功能与景观、品质与效益方面相互促进、生态与人文方面共生共进。

规划采用圈层式“金镶玉”式布局，中心为中央公园，公园东西两侧分别打造集多元功能于一体的综合公共服务核心和结合文化资源禀赋的文化创意核，与中央公园一起，共同形成浦江发展的新动力引擎与主要城市功能核。设计于公园周边分别形成现代商住区、文化创意区、休闲文教区、休闲生态住区、宜居度假区等六大城市功能区（图16）。

5.2　基于海绵城市理念的生态设计与水质管控

植物景观重点考虑现状植被保留、自然山林恢复和植物景观特色塑造三方面，打造具有“多样化的生境、品种、色彩”的植物景观体系。塑造水上森林、疏林草地、净水花园、艺术花田等特色主题植物景观。

图16　环金狮湖公园地块结构图与夜经济活动热力图

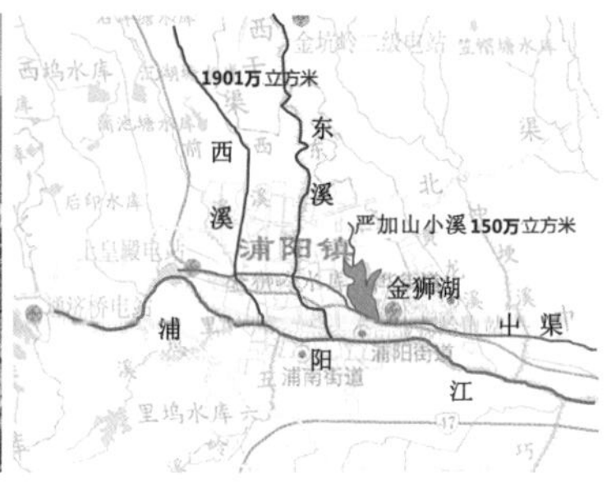

图17　建设中的湿地水湾与金狮湖水系图

水质管控通过面源污染控制与拦截工程、生态补水措施、湿地水花园净水等健康水生态系统构建、活水计划提升等一系列物理和生物工程措施，修复和强化水体生态系统的主要功能，增强金狮湖水体自净能力，保障水体水质稳定达标（图17）。

5.3　基于健康生活理念的环湖休闲游赏与慢生活组织

设计将金狮湖公园及环湖地区打造成连续的慢生活区域，并植入各种文化事件与活动内容，形成跳跃的文化脉动，与周边的日常文化及休闲商业互为补充，共同打造属于金狮湖区块乃至浦江城区的24小时慢生活圈（图18）。同时在用地范围内布置了丰富充沛的活动设施，方便游人使用，包括慢生活服务驿站8处，公交自行车租赁点7处，形成了“全面开放、整体连续、慢行成环”的智能慢行服务体系。

在静态的景观展示和日常开展的休闲活

图18　日常纳凉与组织演出时的公园状态

动之外，整个绿带还应突出利用自身的规模和核心区位优势，结合地方文化和城市文化的培育，积极开展专题性的活动，保持并增加活力、提升环湖景观带和城市的品质，更好地服务社会。这些活动包括专类植物展示、生态展示与环境教育、文化艺术节（图19）、体育竞技（图20）、曲艺文化节等。

图19　公园里的文化艺术节

图20　公园里的马拉松与龙舟竞技

图21　有美阁与仙华山

5.4　基于地方文脉的文化传达与空间营造

在文化线索组织中，以手工艺活态展示馆、文化主题餐饮、名人工作室、江南国学馆及孝义文化讲堂为载体，表达浦江地方文化和非遗文化。

以水晶坊休闲商业街、红砖艺术商业街、堤坝休闲商业街为载体表达市民休闲文化。

以老厂房、柳浪荷田、园艺体验、红砖水塔、堤坝平台为载体表达场地记忆文化。

以上述空间为载体，最终将浦江地方非遗文化、市民休闲文化、场地地方记忆三条文化线索有机地组织到各类活动中。

公园本身因此也成了浦江绿色转型发展的核心触媒和新地标。其中按宋式建设的“有美阁”集中表达了公园兼得山水之美与都市繁华的状态，更与后面的仙华山一起，成为地标中的地标（图21）。

（注：本文与李伟强、郭弘智合作）

温和生长，朴野水乡[①②]
——温州生态园三垟湿地生态公园规划设计

Planning and Design of Wenzhou Sanyang Wetland Ecological Park

摘　要：三垟湿地生态公园位于大温州地区的中部，是一由众多河道和岛屿组成河网湿地，并具备独特的榕墩景观。公园规划依托其特大的空间尺度和居于城市中心的区位关系，以“突出湿地生态、强调瓯乡风情、平衡多元价值、实现持续发展”为指导思想，通过对基地生态的修复与提升、土地价值的多种功能的设定与整合、大尺度区域游赏系统的组织等重点问题的解决，最终实现公园的三大目标：更富生机的生态栖息地、更值热爱的乡土风情地、更高魅力的休闲旅游地。

关键词：温州生态园；三垟湿地生态公园；榕墩文化；湿地公园规划设计；湿地保护与利用；湿地旅游

1　用地现状

用地位于大温州的中部，北至瓯海大道，西至南塘大道，东至中兴大道，南隔高速公路与大罗山相邻。中部另有三垟大道横贯南北，并有5个村庄沿路分布。

基地为一由众多河道和161个岛屿组成的水网区域。规划总面积约11.2平方千米。

1.1　水网稠密——需要加强和提升

基地水域比例近30%，分布全境的水网是湿地之所以存在的根本。它的价值需要进一步发挥。同时基地内水网在形态构成上规则、长直的特点，应该得到维护。

1.2　风情特别——需要维护并加强

三垟风土人情独具瓯越文化下的河乡特色，总体上趋于质朴，多有野趣。地方物质文化留存较少，但是一些民俗活动可方便融入未来的游览活动（图1）。

① 本文发表在《风景园林师7》，中国建筑工业出版社，2008年。
② 本项目获全国优秀城乡规划设计三等奖（2010年）、浙江省优秀城乡规划设计一等奖（2009年）。

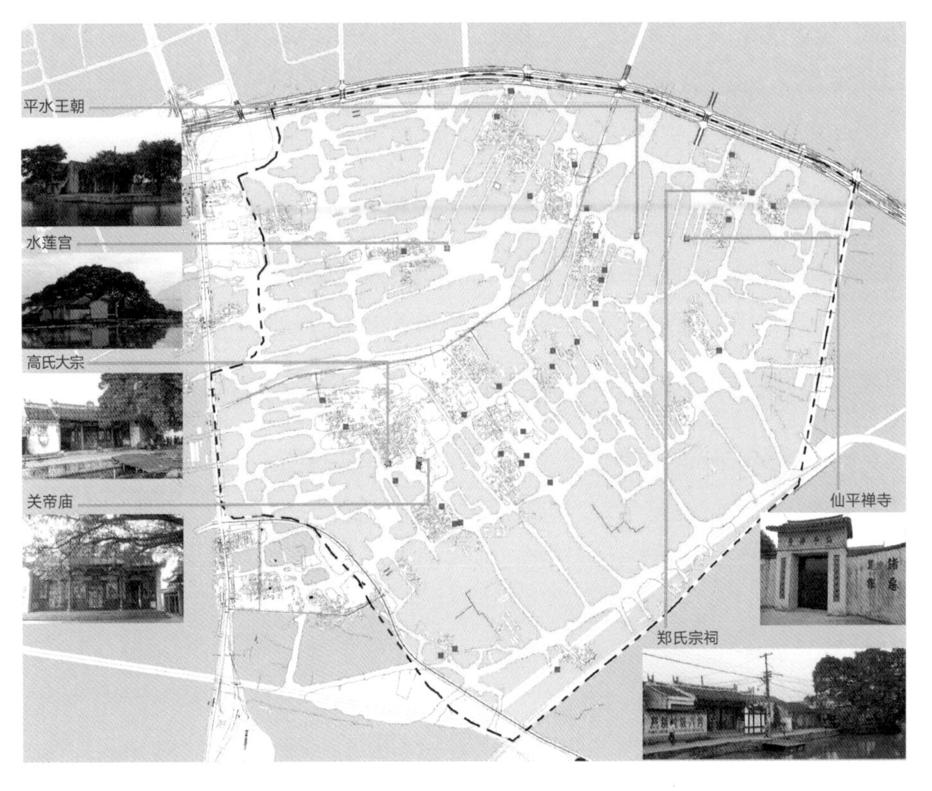

图1　文化资源分布图

1.3　景观平均——需要改变和提升

用地水平、河道分布等也较平均，景观同质度高，需要结合生态恢复做景观多样性工作。

1.4　生态值低——需要改变和提升

三垟水陆关系简单、形态单一。同时由于长期、全域的垦殖，以及近来内外污染的严重存在，造成水质恶化，整个区域生态系统严重退化。

（1）目前三垟湿地生态现状估算的生态系统服务价值只有潜在价值的16.4%。

（2）三垟区域不适宜作为自然保护区进行纯自然保护，需要采取生态建设措施进行正向人工干预。

1.5　面积广大

达11平方千米的规划用地，需要主动考虑多目标的达成，同时对整体性及系统性的维护会有特别要求。

1.6　区位关键

用地位于温州的核心位置，对于温州城市来说是个结构性的存在，需要考虑与外部多方面的对应。

2　规划总则

2.1　指导思想与原则

①突出湿地生态；②强调瓯乡风情；③平衡多元价值；④实现持续发展。

2.2 规划目标

立足用地特别的自然条件和文化资源，依托其特大的空间尺度和居于城市中心的区位关系，全面加强三垟湿地生态系统的培育和保护，最终实现：

更富生机的栖息地——生态保护方面。

更值热爱的乡土地——文化风情方面。

更高魅力的休闲地——休闲旅游方面。

2.3 重点解决问题

（1）三垟地段特征的提取和维护。

（2）基地生态的修复与提升。

（3）增加土地价值的多种功能的设定与整合。

（4）大尺度区域中游赏系统的组织。

（5）中部保留的农居点与整个公园的整合。

3 总体布局

3.1 功能分区

围绕如下原则：

（1）突出保护。包括湿地生态保育、地方文化保育两个方面。

（2）注重区隔。延续上位规划设置的城市过渡带，增设农居点缓冲带，以减少三垟大道及沿线村落对湿地公园的干扰。

（3）强调整合。各具体游赏功能区的设定同时还注意了与周边其他区块的互动和谐。

最终安排了如下功能区：

（1）保护区：包括三垟湿地保护区、三垟文化保护展示区。

（2）游览活动区：包括水花园、北湖水上休闲运动区、湿地互动中心、观光农业区、亩垟野营地方、应宅水居度假岛、湿地繁育区。

（3）城市过渡连接带：包括入口管理服务区、宾馆接待区、休闲公园、乡土植物园。

（4）村落、三垟大道外围缓冲隔离带。

3.2 布局结构——“一环两片双核六区”

一环：是环湿地的内部休闲主游路。

两片：是由三垟大道分隔而成的南、北两片。结合前述休闲环路划分的内外两层，动静分区方面遵循北动南静、外动内静。

双核：是指分别选择南片近大罗山一侧的百河垟一带作为湿地生态保护区；以

及选择北片的张严冯村作为文化保护展示区，并于此设一文化休闲中心。

六区：指游览活动区的几个分区。

这种分中心组团方式可保证各区的相对独立——游人就近进入，游览活动就近展开。内部环线则将这些独立的分区串联成一个整体，利于更大范围内的游览组织。

两者组合，有效地解决了大尺度空间内的游览活动开展的问题（图2）。

4 节点规划（图3、图4）

4.1 部分入口门区

入口处担任交通集散和转换、形象提示、内外管理、游线引导的功能，全园开口5处，根据具体情况而各有特点。

4.1.1 西入口

调整三垟大道接入段断面：增设中央分车绿带，降低断面以顺接线路增加引导性。

分区：安排集散广场区、形象展示区、停车区、备用停车区、管理区。内部则沿线安排了电瓶车（自行车）转换站、码头等功能点。

形象展示元素：湿地景观+榕树+岛群，入口曲折而入，强调行进间岛群序列景观。

4.1.2 西北入口

分区：安排停车区、集散广场区以及管理区。内部用地则沿线错落设置电瓶车

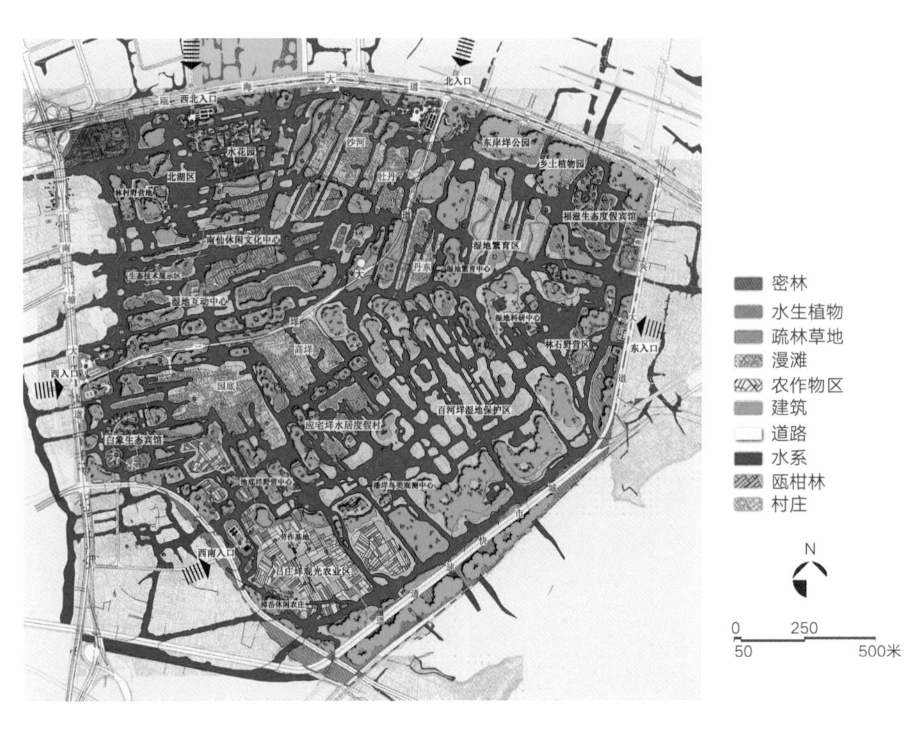

图2 规划总图

（自行车）转换站、码头等功能点。

形象展示元素：双拱桥+榕树+湿地景观，入口开敞、通透，游人通过双拱桥后进入，前有景观标志塔引导。

4.2　水花园

改造西北入口处东面的两个水墩，选择多种观赏性较强的水生植物栽植于此，加以集中展示，增加湿地景观可感度，丰富西北入口至西入口的主要游览线上的游赏内容。

4.3　北部水上休闲活动区

选择湖区建一景观塔，主体部分采用了与北部世纪广场处的标志塔一致的形态和做法，竖向发展的时尚简洁形体有效地呼应了北部城市的存在。而与底处低平自然的湿地的结合，以及塔体东南侧增设的一层状似渔家鱼篓的曲面状栅栏表皮遮盖，为这一标志提供了格外的自然魅力和艺术魅力。

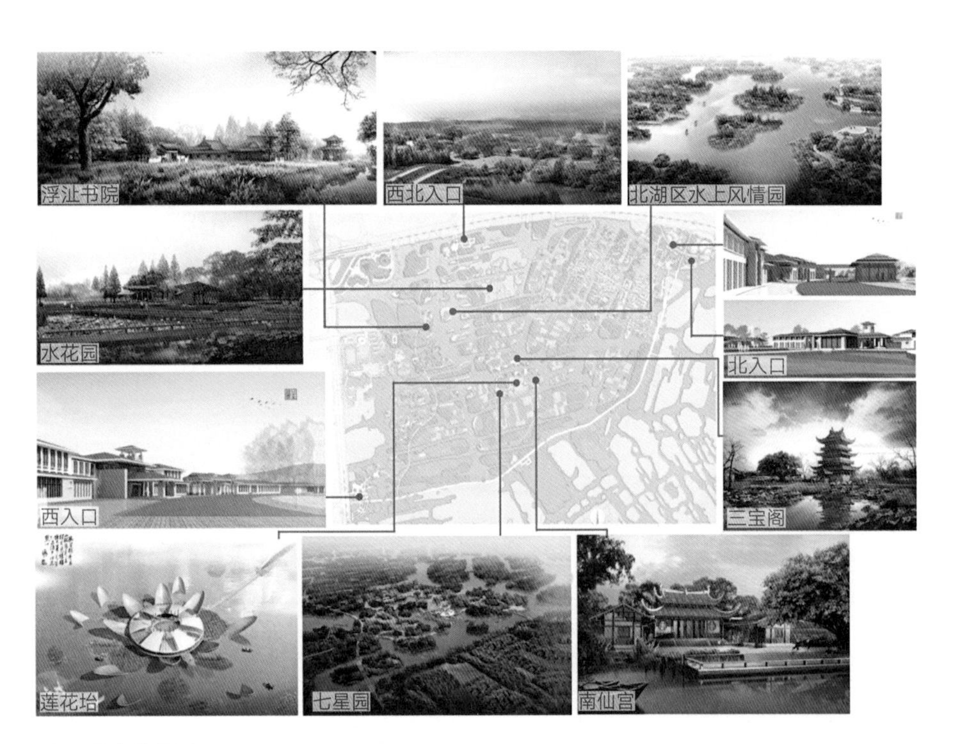

图3　景点效果图

图4　张严冯村现状及规划南仙文化中心效果

图5　百河垟湿地保护区效果

4.4　湿地互动中心

湿地互动中心位于西入口附近。

功能安排：设在室内的湿地互动中心占地1万平方米，互动中心设有三个主要展览廊：湿地世界、人类文化、湿地挑战。“湿地世界”主要介绍世界各地不同的湿地生态，如北地苔原、热带沼泽和温州湿地；“人类文化”以影音剧和插画等形式介绍湿地与人类的关系；“湿地挑战”展览廊内，访客可通过游戏学习保护湿地的知识。

建筑形态：建筑分成两个区域，跨河连接。总体上采取了自由的仿生式样。建筑一侧匍匐于大地，另一侧又跃起凌空——像变化的荷叶边，又似起伏的水波。其上块面状覆盖的植被还对应了三块面状的陆地形态及其上的种植肌理。最后，建筑特别的形体组合和表现构成了湿地公园的另一处标志景观。

5　生态建设（含植物规划）

5.1　生态恢复和建设的基本原则

多样、健康、稳定、生态、优美和经济自维持，遵循恢复生态学和景观生态学的理论。

5.2　生态保护区划定

在大罗山一侧，具有三块最典型的岛屿群落，且本身生态本底较好，规划将其设为生态保护区。通过部分改造岸线坡度，营造了大量间歇性淹水区，并构建多类型湿地，吸引不同种类鸟来此觅食、筑巢、栖息。同时通过水网构成的生态廊道通连全域（图5）。

5.3　生态修复与建设规划

生态修复与规划建设包括：水环境整治规划、亲水岸滩规划、水生植被建设、生态农业建设、工程物种繁育基地建设、生态旅游点建设。

其中，水环境整治规划特别在部分居民点处考虑了芦苇—砾石地下水流湿地系统，发挥湿地净化水质的功能。

亲水岸滩规划：通过改变目前驳岸多为不稳定的直立式驳岸的状况，强调岸滩的自然坡化入水，营造多种入水深度，提供未来水生植被生长所必需的多种生境，提高景观的多样性。调整后，岸线长度增加了12.26千米，水面增加了64.70公顷。

生态旅游点建设则强调服务设施生态化，注意发展生态工程与生态建筑，并特别注意：分质供水与中水利用、太阳能利用、建筑工程与铺地工程中模数和模块的运用、可回收材料的使用。

6 文化风情

6.1 地方文化特征提取

来自于“水”“乡”“瓯”的共同作用，三垟文化有如下元素值得提取。

6.1.1 物质文化

（1）水台

方圆廿余里的三垟，现在还完好地保存着9座古戏台。

（2）榕亭

榕树周边的空间一般都发展为乡村的公共活动场地，在地方风貌构成及文化记忆中占据重要位置。三垟目前还分布有27棵平均树龄达280年的古树（图6）。

（3）宗祠与神庙道观

三垟全境目前还存留有54座宗祠、神庙道观。大量宗祠、神庙的存在，顽强地保留了地方文化的血脉。

（4）船只

过去的“南仙垟”“家家户户皆有船”，屋前树下埠畔泊位满。其中最具有特色的是四方形的“渡船儿”——用于无桥两岸之间的摆渡，用绳系在两岸，上客后拉绳过河。

图6 榕亭

6.1.2 非物质文化

南仙传说、船歌、社戏、唱南游、斗龙。

6.2 地方文化保护与展示

以集中挖掘和有效传达为原则，规划采用“区块”与“散点”分布相结合的方式对当地文化加以保护和展示。

其中集中的区块展示包括：

（1）南仙休闲文化中心

张严冯村处集中了包括水墩、榕岛、戏台与宗祠在内的多种元素。地形本身也可作为一处文化地景——由于三垟湿地河道的3个主要方向的汇聚所形成的全园唯一一处所谓“九龙抢珠”的地貌形态。

该处被定义为结合休闲文化内容的三垟文化保育区。

文化展示包括原址保留的宗祠及另外安排的三垟民俗馆、南戏馆、船只博物馆等内容。于北面临水处建一处南仙庙，配以更北面的“慕仙亭”和水里的渡桥，共同传达关于南仙的传说。

同时，本地还可以作为一处当地建筑文化的集中展示区——因城市建设而不能原址保留的有价值的地方民居可集中移建于此。

（2）吕庄垟观光农业区块

作为观光农业区块使用，吕庄垟地块结合休息建筑、管理建筑，展现至今在温州的田间地头存在的若干路亭风貌，他们和榕树结合在一起，更好反映出温州地域的乡村景观。

7 休闲旅游

7.1 目前自发的休闲活动

温州有关论坛自2003年起，就有人自发组织前往三垟湿地的旅游活动，包括：捕鱼、夜游、野餐、放生、斗龙、瓯柑采摘等。

这是这个都市里最具活力的人群对现状最直接的利用。这些方式在开园后还会延续，同时，结合生态恢复和景观建设，规划还应在服务对象的拓展、项目内容的深入方面多做工作。

7.2 旅游发展定位

以“湿地水网、风情水乡”为主题，发展强调人与自然和谐共存的观光旅游、湿地生态旅游，以及提倡深度体验的专项旅游和休闲度假旅游。

7.3 休闲、旅游产品开发

（1）休闲度假产品

在樟岙、应宅、白象、福滋四地，各形成一处度假村。其中：2处5星级标准的生态宾馆；1处更加强调农耕文化体验的青年旅馆和家庭农庄；1处全面散发水乡自然气息的岛居度假村；另有3处野营岛。

（2）体验旅游产品

其中观光农业区注重家庭种植农耕文化的体验。同时通过搭建窝棚、制造划龙舟、捕鱼等活动的开展强调对水乡文化的感受。

（3）湿地生态观光产品

极强的生机之美——生态月历。

（4）专项旅游产品

张严冯村处的南仙文化中心是三垟文化的集中展现；湿地互动及其西侧的生态技术展示区则是对湿地和环境保护知识的趣味性传播。

另外考虑安排节事旅游，包括龙舟节、菱角节、捕鱼日、家庭园艺大比拼、摆渡拉力赛等。

8 景观风貌

8.1 景观体系构成

由自然、文化两类元素共同构成的，以点、线、片、网4种方式叠加在一起的景观体系（图7）：

点的表达——榕树+建筑+岛屿，担负着集中展示湿地公园景观形象的任务。

线的连接——环湿地公园的主要游线，体现的是一种富有进深的景观。

片的丰富——农田肌理、湿地森林、密林、疏林草地、岛屿漫滩——构成各自区域的主景观。

网的统一——宽广纵横的水网成为湿地公园的底景，统一整个公园。

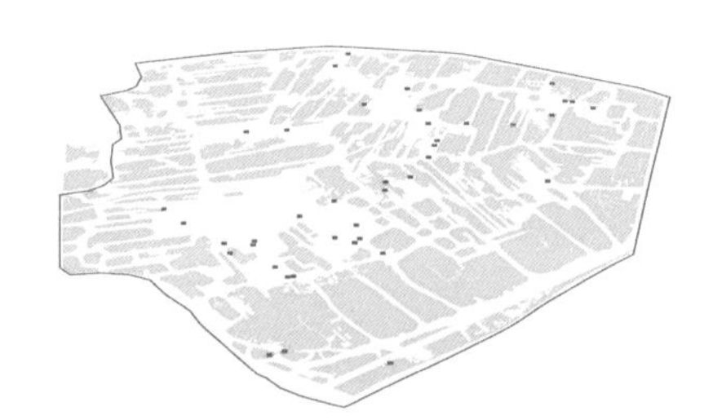

点——特征点（宗祠榕树）分布

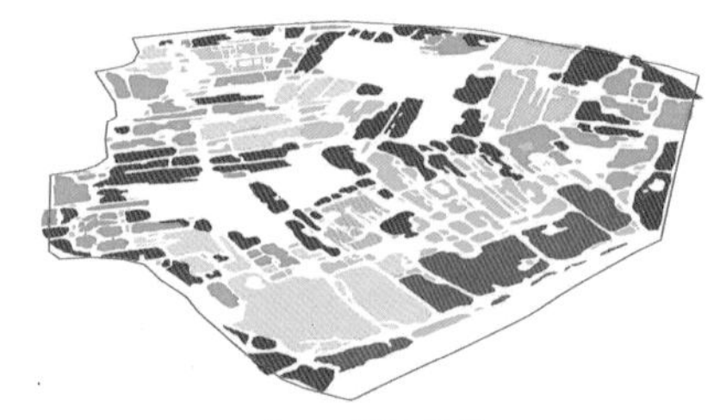

片——植物分布

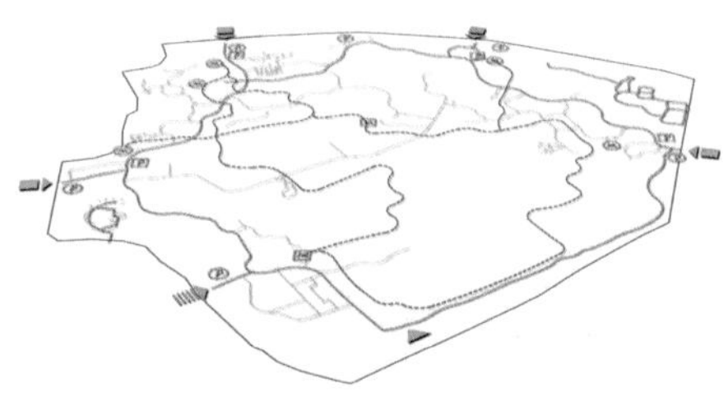

线——游线组织

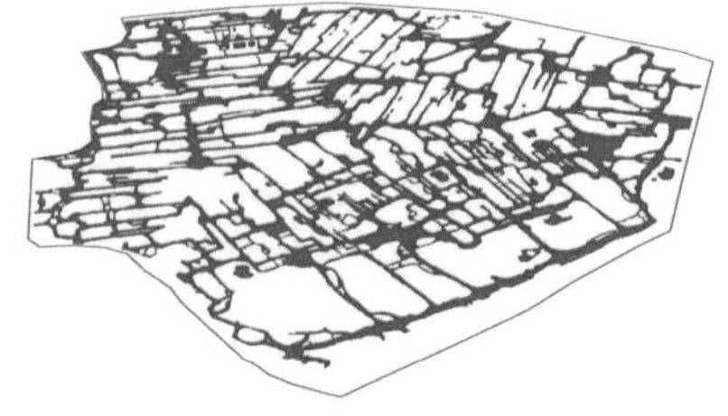

面——水网分布

图7 景观风貌结构图

图8　总体鸟瞰图

8.2　特征景观

（1）水网与湿地——自然特征底景——构成区别于其他自然地的景观。

（2）榕树+建筑+岛屿——人文特征底景——构成区别于其他湿地的景观。

（3）标志性景观：①标志塔；②湿地互动中心；③南仙（张严冯）休闲文化中心——文化地景；④百河垟湿地保护区。

8.3　景观元素

注意取材地方资源，以生态和乡土为景观设计取向的两个主要维度，同时结合部分现代手法，创造出属于时代，更属于地方的统一而富有变化的景观形象（图8）。

（注：本文与施秋炜合作）

湿地鸟类栖息地营建及观鸟旅游方式初探[①]

——盐城丹顶鹤湿地生态旅游区规划设计

Wetland Habitats Construction for Birds and Modes of Bird-watch Tours

—— A Case Study of Ecological Tourism in the Wetland of Red-crowned Crane in Yancheng City

摘　要：湿地生态旅游区以其生态多样性、景观多样性和物种多样性，成为许多珍稀濒危鸟类的主要栖息地和繁殖地。随着旅游开发的深入，鸟类栖息地保护及观鸟旅游开发已经成为湿地旅游开发重要的两个方面。为确保湿地生态旅游区的可持续发展，本文选取盐城丹顶鹤湿地生态旅游区为研究对象，根据鸟类的栖息要求，营建相应的栖息生境，并对观鸟旅游方式作了粗浅的探讨，以期为以鸟类栖息地保护为主的湿地规划提供借鉴。

关键词：湿地；鸟类；栖息地；观鸟旅游

① 本文已发表于《湿地科学与管理》，2012，8（01）。

湿地生态环境的多样性、景观多样性和物种多样性，使得湿地成为许多珍稀濒危鸟类、迁徙候鸟的主要栖息地和繁殖地，据统计，仅在我国湿地生活、繁殖的鸟类就有300多种，约占全国鸟类种数的1/3，国家公布的40余种一级保护鸟类中有50%生活在湿地，因此，湿地是开发鸟类旅游的高潜能地[1]。同时湿地中的鸟类及其栖息环境具有极强的观赏性和旅游价值，随着湿地生态旅游的开发，湿地鸟类栖息地的保护日益受到重视。

1　盐城丹顶鹤生态旅游区概况

盐城丹顶鹤湿地生态旅游区以盐城国家级珍禽自然保护区北侧实验区为主，规划区域范围包括复堆河以东，新洋港以南，水禽湖周边用地，规划面积约为5.044平方公里，是盐城湿地生态国家公园的组成部分。

1.1　现状资源情况

江苏盐城国家级珍禽自然保护区是生物多样性十分丰富的地区之一，区内有植物

450种、鸟类379种、两栖爬行类45种、鱼类281种、哺乳类47种。其中国家重点保护的一类野生动物有丹顶鹤、白头鹤、白鹤、白鹳、黑鹳、中华秋沙鸭、遗鸥、大鸨、白肩雕、金雕、白尾海雕、白鲟共12种；二类国家重点保护野生动物67种，如獐、黑脸琵鹭、大天鹅、小青脚鹬、鸳鸯、灰鹤等。每年来区越冬的丹顶鹤达到千余只，占世界野生种群的50%以上；有1000多只黑嘴鸥在区内繁殖；千余只獐生活在保护区滩涂。

保护区还是连接不同生物界区鸟类的重要环节，是东北亚与澳大利亚候鸟迁徙的重要停歇地，也是水禽的重要越冬地。每年春秋有300余万只海鸟迁飞经过盐城，有近百万只水禽在保护区越冬，湿地珍禽和迁徙鸟类是保护区的重点保护对象。其中留鸟30种，占7.61%；夏候鸟56种，占14.21%；冬候鸟119种，占30.20%；迁徙经过的旅鸟204种，占51.78%。在保护区繁殖的鸟类有66种，占16.75%。因此，盐城保护区在国际生物多样性保护中占有十分重要的地位。

本项目位于保护区的试验区，基地现状湿地为河口和滩涂湿地类型。80%以上为低地（水体和湿地）；陆地面积中，部分为芦苇种植地、人工修筑的陡坎以及现状已建设的鹤场。

植被以人工湿地生态系统为主，形成了以芦苇群落为代表的挺水植物群落，许多珍禽鸟类在芦苇荡中筑巢栖息、产卵繁殖。在较深的水域，狐尾藻、川蔓藻等形成了茂密的沉水植物群落。同时，一些淡水鱼类、底栖动物、水生昆虫也大量出现，为珍禽鸟类提供了丰富的食物资源。

1.2 总体规划布局

本项目围绕本区域的核心生态价值，同时关注其综合效益的发挥。规划强调了生态建设的重要性，并注意落实生态旅游的全面性——既注意旅游主题的生态化设定，也注意旅游方式的生态化确立。最终确立规划目标为：“依托本地丰富、独特的湿地资源，在上位规划的指导下，以湿地生态及水鸟栖息地营造为关键内容，以本土湿地体验和鸟类观赏为特色，以湿地旅游接待、湿地生态保育、湿地生物科普、湿地景观展示为主要功能的湿地生态旅游区。”

本次规划提出了“东西两区，大小两环”的布局结构。西区由于靠近海堤公路，进入性较好，敏感度相对低一些，因此规划强调了此区景观丰富度的创造和互动式体验。东区则更加深入且靠近核心保护区，敏感度最高，因此规划以鸟类栖息地保育为重点，强调深入式体验和探索式体验。最终形成湿地体验区、湿地展示区、湿地游赏区、水禽湖观鸟区、槐树林观鸟区及生态缓冲区六大功能区块（图1、图2）。

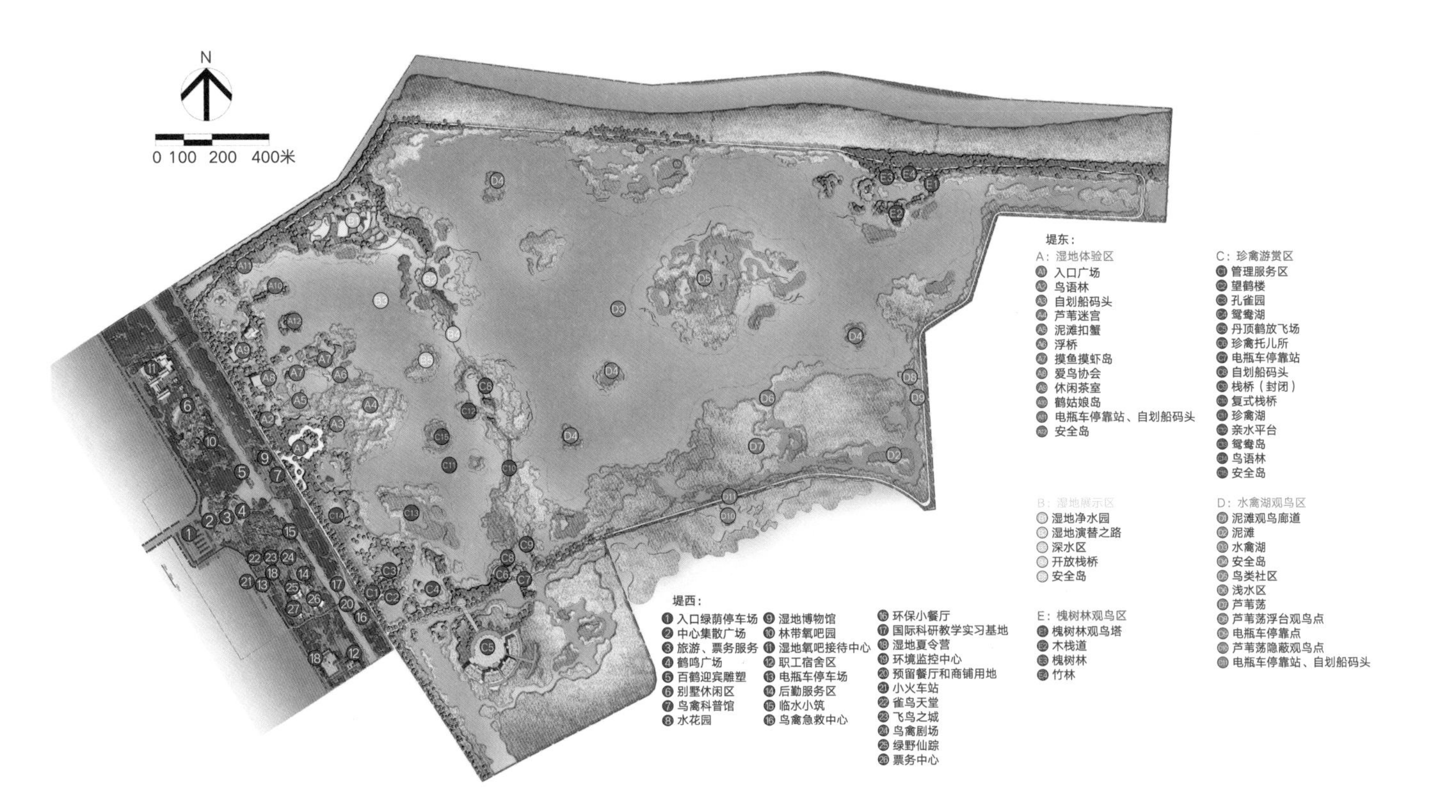

图1　规划总平面图

图2　功能分区图

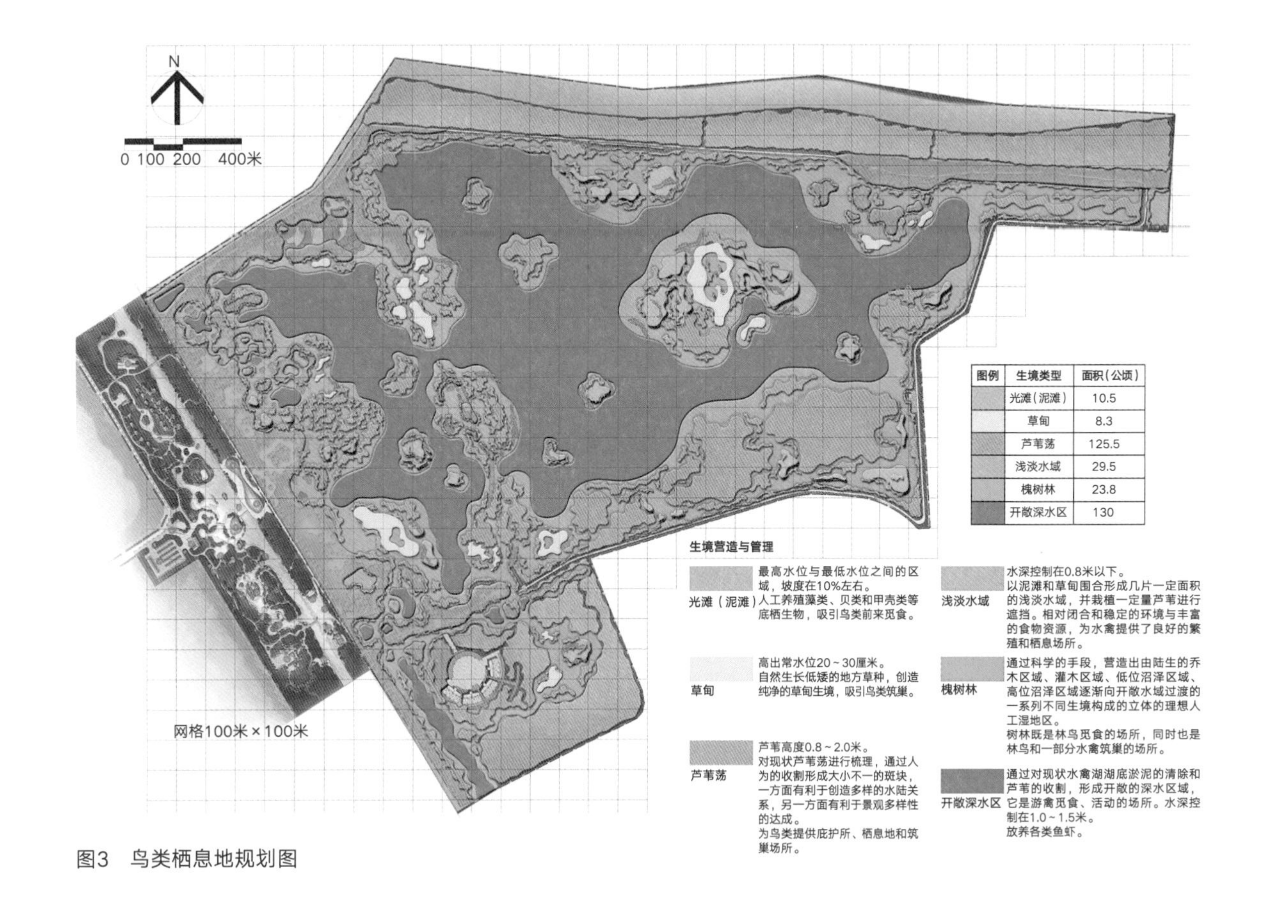

图3　鸟类栖息地规划图

2　鸟类栖息地营建

2.1　栖息地定义

栖息地是野生动物赖以生存的空间。每一种野生动物都以一定的方式生活于某一特定的栖息地，从中获得其所需的食物、庇护所和水等生存条件，并逐渐形成对特定的栖息地的适应，产生对特定栖息地的偏爱性和选择性。

2.2　鸟类栖息地营建

根据鸟类对食物、水、栖息、庇护所、营巢的要求来规划相应的栖息环境，并通过水陆关系的整理，营建光滩（泥滩、粉沙细沙滩）、草甸、芦苇荡、浅淡水域、槐树林、开敞深水区六种栖息地生境，以吸引鸟类栖息（图3）。

2.2.1　光滩（泥滩、粉沙细沙滩）

改造现有河床，形成随着水位变化的光滩生境，人工养殖贝类、甲壳类等底栖生物，吸引鸟类前来觅食。光滩上缺乏植被，生物以藻类、贝类和甲壳类为主；底栖动物比较丰富，随着人为调控的水位涨落，光滩时段性地暴露出来，泥螺、蛤、沙蚕等在光滩上显露，同时时段性的浸水也给光滩上带来丰富的营养物质，因此，这里成为水禽等鸟类觅食、休息的场所。

在本地的光滩生境内分布的鸟类有鹭科、鹬科、鸻科、秧鸡科等涉禽类水禽。

2.2.2 草甸

通过播种地方草种，创造纯净的草甸生境，吸引鸟类筑巢。草甸中物种的数量和种类都十分丰富，秧鸡类、雁鸭类、鸥类及某些雀形目鸟类在草滩中筑巢繁殖，还有的鸟类直接以草甸的洞穴为巢穴。草甸不仅为鸟类提供食物，同时还为鸟类提供栖息地和庇护所。

在草甸生境内分布的鸟类主要有潜鸟目、䴙䴘目、鹈形目、雁形目、欧形目等游禽类水禽和鹳形目、鹤形目、鸻形目等涉禽类水禽以及一些雀形目的鸣禽。

2.2.3 芦苇荡

通过对现状芦苇荡进行梳理，形成大小不一的斑块，一方面有利于创造多样的水陆关系，另一方面有利于景观多样性的达成。

茂密的芦苇荡为鸟类提供了庇护所和栖息地，同时在芦苇丛中还有大量的鸟类筑巢。鸟类在芦苇丛中营筑的巢形式多样，天鹅在水深1米左右的芦苇丛中筑巢，巢离岸非常远；鹭科的小苇鳽会在高于水面的芦苇上筑巢；还有的鸟类如䴙䴘会在芦苇中的水面上营筑浮槽。

芦苇荡丰富的生物多样性也为游禽、涉禽提供食物，芦苇地下茎的鲜嫩部分，为雁鸭类所喜爱。

2.2.4 浅淡水域

在湖心以泥滩和草甸围合形成几片一定面积的浅淡水域，并栽植一定量芦苇进行遮挡，随着水位的涨落，外围的水漫过泥滩和草甸，对内部的浅水水域进行水分补充，同时，天然的降水也是水源之一。在这里，相对闭合和稳定的环境，丰富的食物资源，为水禽提供了良好的繁殖和栖息场所，几片浅淡水域之间相对独立又有所联系，形成水禽理想的生活“社区”。

在浅淡水域内分布的鸟类除潜鸟目、䴙䴘目、鹈形目、雁形目、鸥形目等游禽类水禽和鹳形目、鹤形目、鸻形目等涉禽类水禽还有雀形目的鸣禽以及隼形目和鹃形目的猛禽。

2.2.5 槐树林

槐树林生境依托现状的槐树林，通过科学的手段，营造出由陆地的乔木区域、灌木区域、低位沼泽区域、高位沼泽区域逐渐向开敞水域过渡的一系列不同生境构成的立体的理想人工湿地区，同时也展示了植被类型由林木向地被、沉水植物、浮叶植物、漂浮植物的过渡。

槐树林栖息着大量的林鸟，这里既是林鸟觅食的场所，同时也是林鸟和一部分水禽筑巢的场所。在槐树林生境区内分布的鸟类主要有雀形目的鸣禽以及隼形目和鸮形目的猛禽，潜鸟目、鸊鷉目、鹈形目、雁形目、鸥形目等游禽类水禽以及一些涉禽。

2.2.6 开敞深水区

通过对现状水禽湖湖底淤泥的清除和芦苇的收割，形成开敞的深水区域。这里是水禽栖息地的重要组成部分，是游禽觅食、活动的场所。

图4　泥滩观鸟廊道

3 观鸟旅游方式

3.1 国内外观鸟旅游概述

观鸟活动最早在英国和北欧国家兴起，历经200多年的发展，现在已成为一项时尚的户外运动。塞克斯哥路（Sekercioglu）认为：观鸟旅游是生态旅游最主要的表现方式之一，旅游者手拿望远镜，早出晚归，凭鸟的鸣叫或飞行的姿势，鉴定鸟的种类，对目的地的环境影响最小，但是却能带来非常可观的经济、社会效益。观鸟是目前国际上非常流行的旅游休闲活动，体现了一种亲近自然、关注环境的生态理念[2]。

目前，我国已有各种观鸟组织180余个。湖南的洞庭湖、江西的婺源、河南的董寨、河北的北戴河、宁夏的沙湖、青海的青海湖、黑龙江的扎龙等地，凭借良好的观鸟旅游资源，纷纷推出观鸟旅游这一特色品牌，吸引国外观鸟旅游团体在鸟类迁徙和繁殖期定时定点进行观鸟旅游[3]。

3.2 观鸟点设置

盐城湿地经过多年的有效保护，仍保持着较好的生态环境和丰富多样的本底资源，为各种鸟类提供良好的栖息环境和丰富的食物，成为连接不同生物界区鸟类的重要环节，尤其是迁徙鸟类的重要“驿站”。

本项目考虑观鸟的方便及有效控制对鸟类的干扰，全区共设置四处观鸟点，分别为泥滩观鸟廊道（图4，水平展开形

图5　芦苇荡浮台观鸟屋

图6　树状观鸟塔

式），芦苇荡浮台观鸟屋（图5，点式浮台形式），树状观鸟塔（图6，点式高塔形式），芦苇荡隐蔽观鸟屋（图7，茅草屋形式）。

3.3　观鸟相关旅游产品开发

3.3.1　鸟类摄影游

鸟类摄影是一种让游客参与的活动，其涉及面非常广泛，盐城丹顶鹤湿地生态旅游区各种野生鸟儿都是拍摄的对象，四处观鸟点是拍摄鸟类的绝佳位置，规划的爱鸟协会可举办鸟类摄影大赛，让旅游者深入体会到观鸟的乐趣。

图7　芦苇荡隐蔽观鸟屋

图8　鸟类博物馆

3.3.2　鸟类科普游

盐城丹顶鹤湿地生态旅游区的生物多样性、景观多样性等为环境教育提供了天然的课堂，而众多珍稀鸟禽为普及鸟类知识、宣传爱鸟意识提供了具体生动的场所。建议学校组织学生参观湿地保护区，老师可以选择一些有关湿地、鸟类的教学题目，让学生在参观过程中利用学到的知识完成这些题目。可以举办一些爱鸟夏令营活动，以便让学生更好地认识到爱鸟的重要性。

另外，旅游者在湿地可以开展鸟类环志和主要鸟类数量的调查，研究鸟类的生活习性、迁徙习惯等等，还可以组织爱鸟志愿者来保护区直接参与鸟类的义务保护和救助。

3.3.3 鸟类主题节庆游

盐城丹顶鹤湿地生态旅游区可凭借“全球最大的丹顶鹤越冬地”“鸻鹬类涉禽的迁徙中转站”“丰富的鸟类资源”开展相关的主题节庆活动，开展各种宣传教育和保护鸟类的活动，使人们树立“保护鸟类，人人有责”的思想，逐渐养成爱鸟护鸟的良好习惯。

3.3.4 鸟类博物馆

规划一处鸟类博物馆，旅游区的鸟类数量以丹顶鹤为最显著特征，而博物馆又作为统领入口服务区最主要的建筑，故而从丹顶鹤的形态特征出发来考虑这种独特性的运用。我们运用抽象手法，设计了两组翅膀造型，取意仙鹤振翅欲飞的意向。内部用配有文字的图片、鸟类标本、模型以及现代化的多媒体技术全面展示盐城湿地鸟类分布、个体特征、生态与迁徙状况。还可以制作一些纪念品，以便让游客可以带走，留下深刻的回忆（图8、图9）。

4 观鸟旅游实施建议

4.1 科学的观鸟时间点

观鸟的时间应与鸟类的活动规律相适应。多数鸟在日出后2小时和日落前2小时的时间段比较活跃，喜欢鸣叫，比较容易发现，所以一天中最佳的观鸟时间应在清晨和傍晚。一年里，春季和秋季能看到更多种类和更大数量的鸟，此外根据留鸟和候鸟的不同，观鸟的时间也有不同[4]。

4.2 加强对鸟类栖息地的环境保护

保护各种鸟类的栖息安全是生态旅游区的首要任务，而这些鸟类在保护区的安全生活也是观鸟旅游开展的唯一基础。必须保持对鸟类栖息地的监测工作，保证这些区域的生态安全。

4.3 游客分类，游线分级

针对不同的观鸟团体，设计不同层次的观鸟主题、观鸟线路，以实现分级控制，更好地保护好鸟类栖息环境，实现最小化的干扰。如大众观鸟游线，满足一般的观鸟体验；高端观鸟游线，针对科研人员和摄影爱好者，满足深度体验和探索式体验的要求。

图9　丹顶鹤、滩涂与远处的鸟类博物馆

4.4　加强对观鸟旅游团队的管理

在保证有专业人员或经过培训的周边居民带领野外观鸟的同时，要对观鸟者的行为进行规范。因为观鸟旅游是一种野外行为，是与环境发生直接关系的一种行为。严禁任何破坏环境、影响鸟类栖息的行为，制定正确的观鸟和拍摄鸟类行为规则，设计合理、环保的观鸟线路和内容等，在观鸟过程中还要遵守统一的观鸟守则使观鸟行为成为一种生态的过程，尽量减轻对环境的压力，减少对鸟类生活的干扰。

（注：本文与李伟强合作）

参考文献

[1] 林景宏．承重的湿地[J]．中国国家地理，2004（5）．

[2] 陈亚芹．浅析盐城自然保护区观鸟生态游的开发[J]．盐城师范学院学报（人文社会科学版），2011（6）：16-17.

[3] 付蓉，王曼娜，杨鹏，等．洞庭湖观鸟旅游发展现状及对策[J]．经济地理，2008，28（3）：523-526.

[4] 陈晶．扎龙自然保护区观鸟区春季鸟类群落分析与观鸟旅游线路设计[D]．哈尔滨：东北林业大学.

乡土、节约：基于场地特征的地域性景观[①]

——新疆阿温中心森林公园规划设计

Local, Economical: Discussion on the Design of Regional Landscape based on Site Characteristics

— Examples from the Case of Xinjiang A Wen Center Forest Park

摘　要：本文从分析当前城市公园景观设计的误区入手。通过对地域性景观概念的解析，研究了其设计要点及方法措施。并以新疆阿温中心森林公园项目为例，探讨了如何立足场地特征，以低影响与低成本的设计途径，在保留场地原有景观典型性的基础上，营造出富有浓郁乡土气息且最适宜这片土地的地域性景观。希望能为类似的设计提供一定的参考借鉴。

关键词：地域性景观；低影响；低成本；嵌入式设计；资源化设计

1　引言

在我国快速城镇化的大时代背景下，景观同质化与追新求奢已成为时下许多城市公园设计的通病。受景观设计模式化和人工化的影响，急功近利的盲目模仿与无视场地的大拆大建现象普遍，不仅造成地域差别弱化、景观特色迷失、场所精神偏离，还形成了极大的资源浪费。因此，“如何因地制宜地营造符合场地自身气质的地域性景观？”是当前值得我们思考的问题。

近年来，随着观念与认识的提升，建设可持续发展的地域性景观逐步成为城市园林建设的发展方向。这就要求景观设计师应遵从场地环境，充分认识当地自然景观产生的机理和条件，从场地自身的景观特点和建设要求出发，利用特有的自然资源营造适宜的景观类型和景观空间。

① 本文发表于《浙江园林》，2016年第2期。

2 地域性景观的设计思考

2.1 概念解析

地域性景观是当地自然景观与人文景观的总和，它是当地自然条件和人类活动共同影响的历史产物。它充分地考虑场地的自然地理特征，尊重场地的原本属性，反映当地的地域文化，是最能体现地方特色的景观形式[1]。

地域性景观设计强调了将地域特征作为起始点，针对场地特征进行设计，不仅有助于体现园林景观的整体性、自然性、生态性和经济性的基本要求，还具有“乡土化”与“节约型”两大根本特征。其中，“乡土化”主要体现在对场地自然特征的提炼与凝聚以及对地域文化内涵的挖掘与展现，所带来的归属感、认同感以及特质性是其可持续发展的动力；“节约型”主要体现在对绿化模式的合理配置以及乡土材料的就地运用，以最少的环境干预与资金投入，获取最大的生态、社会和经济效益。

2.2 设计重点

基于地域性景观的内涵特征，笔者认为城市公园要构建场地应有的景观特色，避免“千园一面”的现象出现，其设计应重点解决如下三个关键问题，分别为基地历史遗存的合理利用；乡土生态系统的保护培育；地域特色文化的创意表达。

2.3 手法策略

2.3.1 资源化设计与本土化设计

设计首先将基地上自然、人工及其相互作用的痕迹视作一种“资源”而珍惜，并在此基础之上加以必要的梳理和改造，从而可以最大程度地延续场地的自有气息，保育本土的历史记忆。

2.3.2 嵌入式设计与体验性设计

设计除了整体的生态保育外，有重点的、嵌入式的景观营造和活动组织是必要的，也是明智的。这样既能避免高强度的建设而破坏应有的自然氛围，也可因必要且特别的体验使得人与自然间产生愉快的联系。

2.4 措施途径

地域性景观的营造就是要从场地的自然特征和人文特征出发，提炼场地应有的景观特征，概括场地应有的景观类型，充分利用场地原有的景观要素，营造融入地域整体风貌的特色景观空间。

2.4.1 注重生态，最小干预

设计应充分尊重场地原有的生态系统，坚持生态优先原则。利用原有地形地貌、水体、植被等作为设计的元素，以满足功能为前提，对场地的自然景观进行保护与适当的改造利用，尽可能将人工干预程度降低到最小，杜绝脱离实际的过度设计，避免对原有环境进行不必要的改动，从而实现对周边生态环境稳

定性的维系并最大程度地发挥城市公园绿地的环境效益和生态效益。

2.4.2　融入环境，传承文脉

设计应以展示地域整体景观特征为宗旨，在认识与理解场地的基础上，掌握当地独特的景观要素和自然演替规律，从而构建与当地整体景观风貌相和谐的局部景观，很好地融入地域环境之中。同时，强化对地域文化的传承，应充分利用场地内历史遗留的痕迹，如对土地的利用方式、建筑的布局模式等，来营造富有场所精神的地域性景观，而非简单编撰历史典故或赋予各种景点、景物以文字描述、图解符号[2]。

2.4.3　因地制宜，就地取材

设计应循场地特征，考察地形地貌、气候条件、水文状况、植被特征等各类自然要素，分析场地环境的差异性，依此构建既相互联系又各具特色的景观空间。同时，积极实践节约型园林的理念，一方面，顺应地域性自然环境中植物景观的形成过程和演变规律进行树种选择和植物配置，既重视植物景观的视觉效果，又要营造出适应当地自然条件、具有自我更新能力、体现当地自然风貌的植物景观；另一方面，尽可能运用乡土材料，并合理利用场地内现有的各类资源，就地取材，最大限度地控制投入成本，避免铺张浪费。

3　地域性景观的营造实践——以新疆阿温中心森林公园项目为例

3.1　项目概况

3.1.1　公园区位

阿温中心森林公园位于新疆阿克苏市主城区以北，温宿县主城区以南，西邻多浪河湿地公园，东靠柯柯牙防护林带，西南侧为即将建设的南疆旅游集散中心，是连接阿克苏和温宿的城市生态共享核，也是阿温同城化后城市的绿色新地标（图1），总面积约179.5公顷。

3.1.2　场地特征

（1）空间尺度——用地阔大，尺度恢弘

公园南北长2.6千米，东西宽1千米，总面积约占阿温特定地区用地面积的近5%，全部开放空间面积的35%，占整个阿温同城后整体公园绿地面积（远期）的13%，规模宏大。

（2）自然特征——蓝绿交织，生境良好

场地中不仅拥有大面积的田园、果林与林网，同时还拥有由唐阿克渠与灌溉水渠所构成的蓝色水网系统，其中唐阿克渠的水源来自天山托木尔峰的雪水，流域地带成为干旱的南疆地区极为难得的“生态绿洲”。

（3）建设情况——村居破旧，特征明显

场地内的赛克帕其村为维吾尔族同胞聚

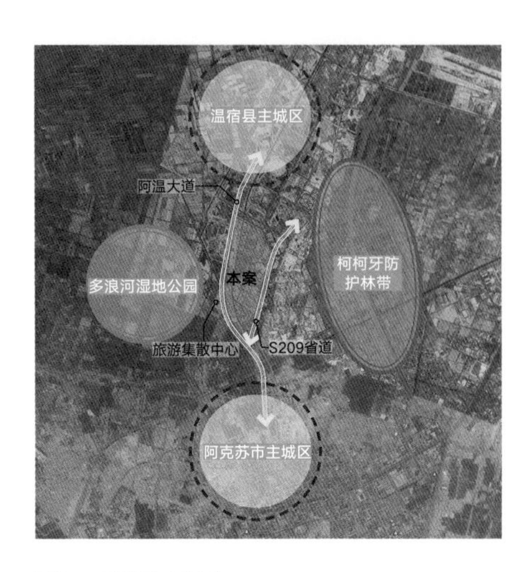

图1　项目区位图

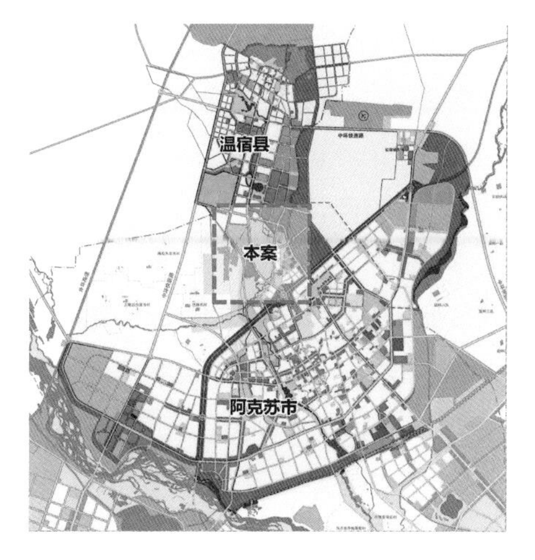

图2　中心森林公园与城市的位置关系图

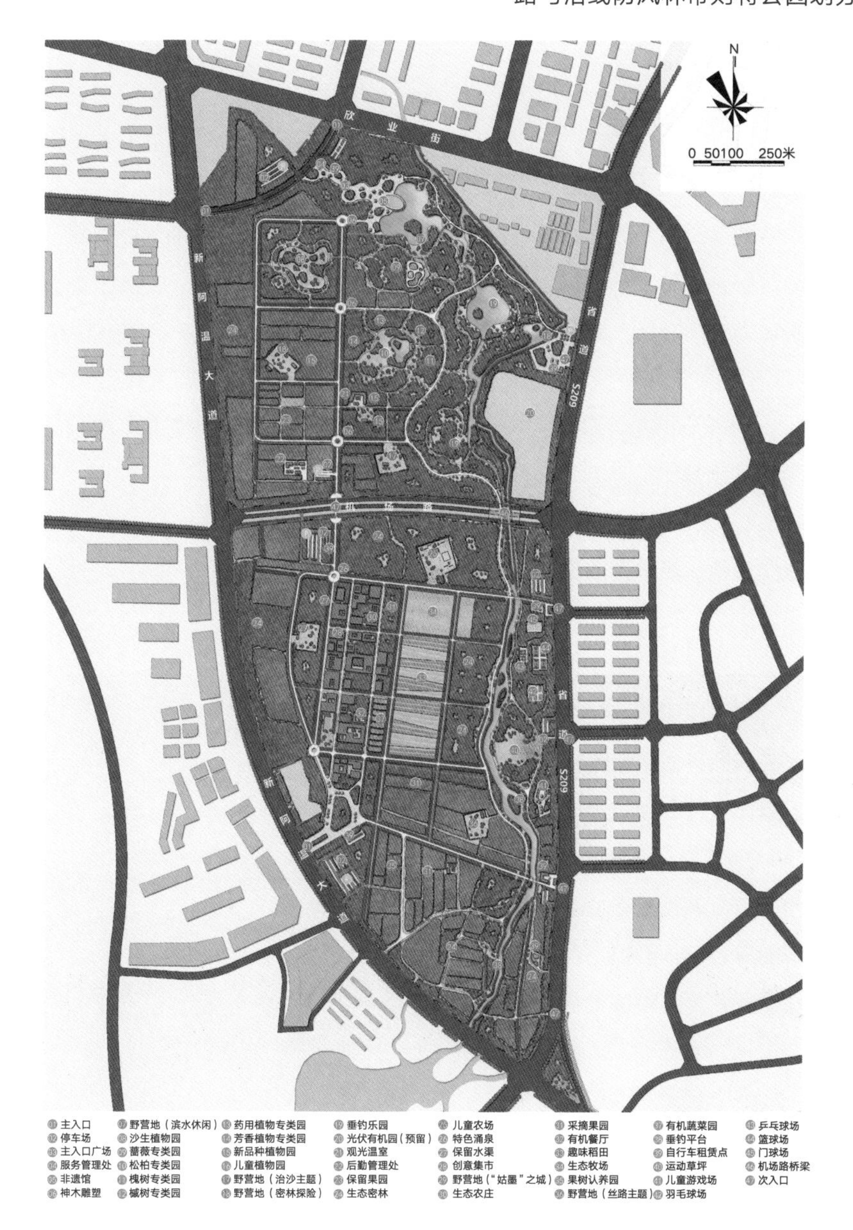

图3　规划总平面图

居区，尽管房屋简易陈旧，村容杂乱破败，但村庄的整体格局、富有伊斯兰风情的门窗要素及房前屋后的特色院落均具有明显的地域特色。

（4）道路交通——干道穿越，土路成网

规划的城市干道机场路横穿公园中部，将公园分成南北两个部分，对场地的生态有一定的影响；而现状网格状的机耕路与沿线防风林带则将公园划分成多个块状用地，并与田间小径共同组成场地独特的路网系统。

3.2　总体构思

3.2.1　目标定位——都市绿洲、城间林园

（1）"城中"?"城间"

基于公园独特的区位条件，其目标定位的确立必须先明确"本公园究竟是未来的城市中心还是城间纽带"这个关键问题。通过对城园关系、场地特征及公园周边用地状况的综合判断，我们认为尽管公园所处的位置为阿克苏市与温宿县的"中心"，但根据阿温同城化总体规划以及两城未来的发展状况，其并不是阿温同城化后未来的城市中心，而是联系阿克苏市与温宿县两城的城间绿色纽带（图2）。

（2）目标定位

本案认为阿温中心森林公园在功能定位上应是一个"超大型综合性城市郊野生态公园"，而非"超大型综合性城市中央公园"，并最终确定本公园的设计目标为"围绕阿温生态共享核的总体定位，依托公园特别区位与超大规模，激发并放大其本土的生态与文化潜能，通过整体的森林营造和必要的景观组织与活动嵌入，最终将其建设成一处以森林、田园与河流湿地为基本生境，以生态保育、运动健身、户外休闲、文化体验为主导功能的，突出其城市生态绿肺功能的超大型综合性城市郊野生态公园"（图3）。

3.2.2 布局结构

根据公园的场地特征以及目标定位，本案在整体上形成了“一带两苑多营地”的布局结构（图4）。

其中，“一带”为沿唐阿克渠的滨水公共休闲带；“两苑”分别为位于机场路两侧的南苑（风情林园）与北苑（自然山水）；“多营地”为嵌入到公园中的各具活动特色与文化主题的营地，主要包括“滨水休闲野营地、密林探险野营地、治沙主题野营地、丝路主题野营地、姑墨之城野营地、儿童农场”等，是未来公园主要的休闲与活动场所。

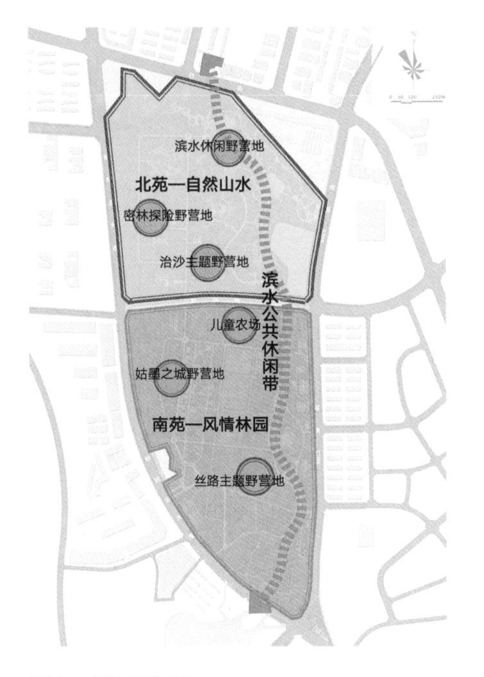

图4 布局结构图

3.3 设计措施

3.3.1 低影响生态景观的构建

（1）立足于现状的微设计

本案的设计途径不是通过大规模的新建来创造一个“美丽却毫无特色”的城市公园，而是秉承“在自然上创造自然”的设计理念，在尽可能地利用场地内部现状田园、果林、林网、水系、道路等要素的基础上，通过微设计的手法对其进行适当的景观及功能化改造，以最低的环境影响构建出别样的生态景观（图5）。

（2）简单与丰富的再认知

本案重构了景观设计中“简单”与“丰富”这对矛盾体。一方面通过简单的用地布局与丰富的绿色空间使公园变得更加生态。另一方面通过简单的营地嵌入与丰富的活动组织，营造出一种富有空间弹性、更具活力的“全新”公园体验（图6、图7）。

（3）水系统整理的新思维

根据当地的水文条件，场地内溪流的行洪能力为4.0立方米/秒，远不及最大过洪流量8.0立方米/秒，同时基地中富有特色的水渠灌溉系统也因土地的不同用途而变得破碎，因此对水系统的整理成为本案的一项重要任务。尽管场地所在区域为天山南麓，拥有丰富的补给水源（天山雪水与地下水），但考虑到西北地区的高蒸发量，从节约水资源的角度出发，规划还是放弃了将水作为主要的造园要素，对水系统的整理仅仅在满足防洪及必要的景观需求的前提下作了适当的处理（图8）。

其中溪流的拓宽通过岛与堤的形式最大限度地保留了现状沿线的柳树，并在北侧作适当放大，形成弹性的水体空间，既发挥了汛期沉沙的功能，又满足了必要的景观需求。而灌溉系统则是在保留、梳理现状水系的基础上作适当增加，形成公园未来主要的灌溉系统。

图5 低影响田园透视效果图

图6　主题营地透视效果图一

图7　主题营地透视效果图二

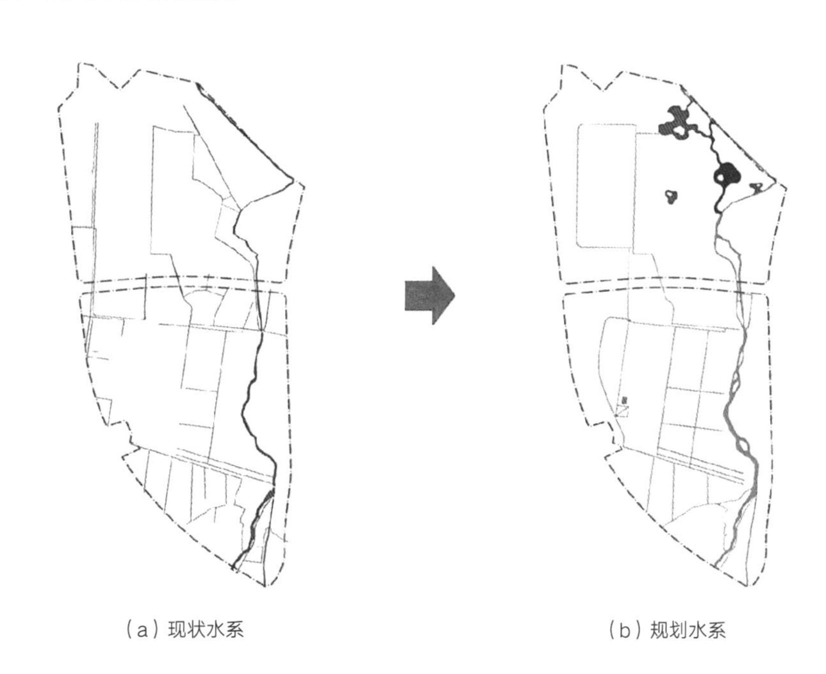

（a）现状水系　　（b）规划水系

图8　水系规划前后对比图

图9　规划总体鸟瞰图

3.3.2　地域性乡土景观的塑造

（1）地域风貌的整体塑造

设计以“有机生长”的理念，延续并组织基地内的水系、田园、果林与路网肌理在公园的大地景观中，并配以成片的乡土植物群落（杨树林、柳树林等）形成混合式的布局模式。其中网格状机耕路网所形成的几何秩序与各类植物生长所呈现的自然面貌，加之被柳树与芦苇覆盖的蜿蜒溪流和灌溉水渠，比较完满地营造出了符合新疆地域特质的大尺度生态景观意象（图9）。

（2）乡土文化的提炼表达

基于对乡土文化的理解，本案在文化表达上不仅仅局限于对区域历史文脉的挖掘与再现，而是更强调对场地现有文化景观的维护与延续，从而避免了无视场地特征的刻意的“文化”设计与建造。因此，设计除了挖掘提炼当地相关的历史文化信息（如古丝路驿站、多元民族文化、姑墨古国等）并将其以景观小品或雕塑的形式点缀于公园的各个角落外，还将场地中的村落、果林、灌溉水渠、砂石路等作为重要的乡土文化元素保留下来，通过对其功能的重构与优化，营造出场地特有的、真实且具时代性的乡土文化景观（图10），有机地融入公园的整体之中。

3.3.3　低成本开发模式的探索

（1）林园结合的绿化配置

作为一个森林公园，绿化景观的塑造是本案的重点，基于对建设成本及场地特征的综合考虑，设计摒弃了常规的“精细化”的公园绿化配置模式，而是在最大限度保留场地现有林木的基础上，采用相对粗放的“林园结合”的绿化配置模式（图11）。

所谓“林”即为造林，主要针对公园的外围部分及主要节点以外的区域，以这种简单且低投入的方式形成大的绿色基底，构成森林公园的绿色骨架；所谓“园”即景观绿化，主要针对公园的

图10　休闲田园透视效果图

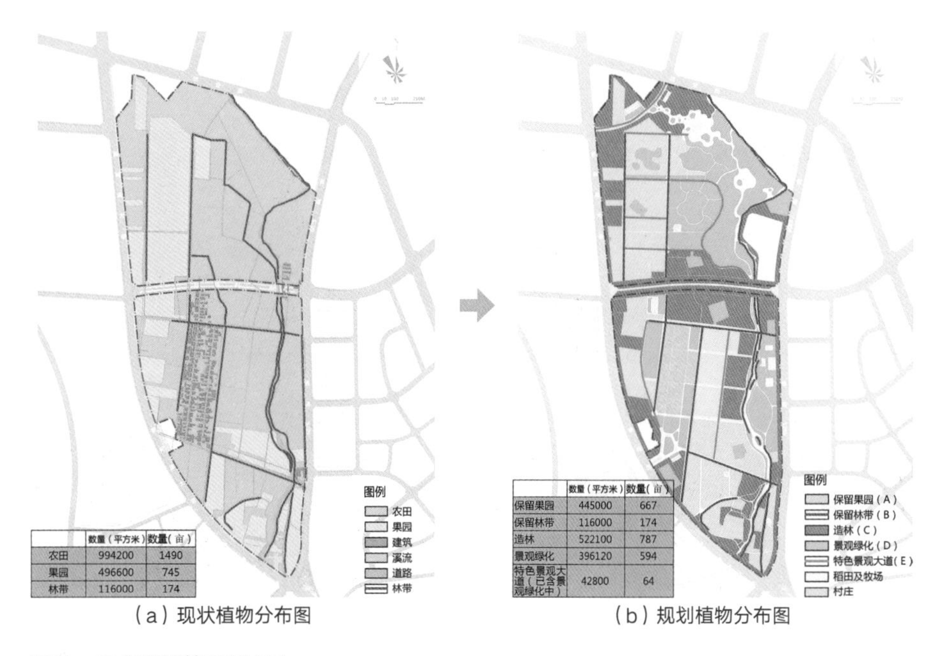

	数量（平方米）	数量（亩）
农田	994200	1490
果园	496600	745
林带	116000	174

（a）现状植物分布图

	数量（平方米）	数量（亩）
保留果园	445000	667
保留林带	116000	174
造林	522100	787
景观绿化	396120	594
特色景观大道（已含景观绿化中）	42800	64

（b）规划植物分布图

图11　绿化配置前后对比图

主要节点，以乡土植物为主形成稳定的植物群落并营造各类休憩、游赏空间，突出片区公园植物特色；同时，本案还结合现状林网及道路打造了多条特色景观大道，形成一道道美丽的风景线。

（2）就地取材的营造手法

为了有效地控制建造成本，就地取材的营造手法成了本案的首选。一方面，我们最大限度地保留了场地内绝大部分的果园与林网，对于部分由于公园布局需要必须移除的树木，则作为植物材料被运用于公园的绿化配置中；而现状水渠经过适当的梳理，成了公园未来主要的灌溉系统；现状的机耕路网经过适当的优化与改善，成为公园主园路系统的重要部分；溪流拓宽产生的挖方则被用于节点周边微地形的塑造。另一方面，硬质景观的营造尽可能采用柔性的乡土材料。于是，透水的砂石路面成了公园

图12　主入口透视效果图

图13　生态农庄透视效果图

主要的铺装形式（图12）；公园周边砖厂生产的红砖被大量运用于村庄的改造（图13）；因水系拓宽而被移走的柳树枝条与杨树木桩则被用作新水系的护岸，沿着杨树桩编织的柳条在第二年春季开始发芽并牢牢地固定住周边的土壤，充分体现了“让场地的材料回到场地”的设计理念，既表达了对场地的尊重，又极大地节约了成本。

（3）以租代征的用地模式

由于公园规模宏大且用地中很大一部分属于农村集体用地，本案在用地上采用以租代征的模式，除几处主要节点外，大部分用地以租赁的方式进行开发建设（以每亩每年800～1000元的价格统一回租），部分条件良好的果园与田地被用于发展都市农业或特色采摘园，作为公园中的特色功能区块，既避免了高昂的征地费用，也能为农民带来一定的经济收入和就业机会。

4 结语

地域性景观作为根植于本乡本土的景观形式，是体现景观独特性最直接、最有效的方式。在乡土特色缺失与景观同质化普遍的当下，如何突出场地自然景观特征和地域文化内涵，实现融合地域特征的景观设计是我们设计师的职责所在。正是基于这样的认识，在阿温中心森林公园项目中，设计摈弃了时下流行的大拆大建的造园模式，而是在立足场地特征的基础上，提出合宜的适应性设计策略，并尝试以低影响与低投入的景观设计途径，通过相对简单朴素的方式营造出了体验丰富且富有地域特征的乡土景观。

（注：本文与叶麟珀、韩林合著）

参考文献

[1] 丁毅．自然与人文相融合的地域性景观设计研究[D]．杭州：浙江大学，2010.

[2] 熊瑶，杨云峰．地域性风景园林设计初探——湖南株洲天池公园总体规划[J]．西南师范大学学报，2009(5)：50-54.

[3] 林箐，王向荣．风景园林与文化[J]．中国园林，2009，25(9)：19-23.

边角地的窘迫和风景[①②]

——温州九山湖公园“竹溪佳处”的设计与施工

The Leftover Land's Landscape Based on the Restrictions

—— Design and Construction of “Bamboo and Stream's Scene” in Jiushan Lake Park, Wenzhou

摘　要：通过对一公园内狭窄谷地的景观设计，指出由于园林设计直接在大地上进行这一特性，故应在设计中特别强调与场地条件的结合及与施工过程的紧密结合。

关键词：风景园林；设计与场地；规划设计；设计与施工

1　用地概况

九山湖公园为温州旧城范围内一座开放式的、以表现自然山水和地方文化为主体的大型城市公园。设计于2000年，建设于2001年，现一期已建成开放。

公园南部的露天剧场和更南部的松台山西麓夹成一带状谷地，长近160米，宽度10～27米不等，平均宽度不到20米。用地自南而北，标高由5.0～6.2米，渐次抬高。东西两侧均高出用地，其中西部的露天剧场上层座位标高8.1米，东部紧邻山体处，标高平均在7.0米以上。松台山最高处则为33.2米。

“竹溪佳处”也就是对这一边角之地的展开，是一处“拾遗补缺”的所在（图1）。

2　设计过程

即使在设计过程中，这一地块的设计也是在周围大局已定的情况下进行的。东部的松台山体是早已存在的。露天剧场是公园设计任务书中唯一明确的内容，且它的选

① 本文已发表于《中国园林》，2004，20（7）：17–19。

② 本项目获浙江省优秀城乡规划设计三等奖（2003年）。

图1　公园总鸟瞰

址也几乎是唯一的——松台山的西麓。

当目光从主体的剧场、从其他的“大场面”转移出来，开始收拾周边的“残局”时，这一边角之地因它的形状和位置，给设计一开始带来的窘迫是不容置疑的，以至于当时只想以绿化一笔带过——所谓“虚”掉它。

其实，“虚”也正是对用地自身条件及在公园整体方面所占地位局限的清醒认识。在有限的设计经历中，以为对于设计，如果企图超越自身局限的努力带来的只是勉强，那还真不如“虚”掉。尤其是对于工作在大地之上的园林设计，正如曹雪芹借贾宝玉之口，评大观园中的稻香村时说的那样——“非其地而强为其地”。

如何才能不至于勉强，仍要回到用地自身。古语有云：“五步之内，必有芳草”。对于设计，也是如此——一方面，现状提供需要解决的问题，另一方面也会一并提供解决问题所需的线索或暗示。用地狭窄的谷地特征成为未来表现的基础甚或全部——它自然地成为两侧高地的汇水线——对相应的溪涧景观的表现也就是水到渠成的事。松台山山体的“松台”，东部山麓新设有“梅谷”，这里也就唤作“竹溪”——将竹子满植于溪涧两侧。

主题定了，之后的设计也就是考虑增加情趣的表现。一是溪涧自身的曲折变化，及落差、小潭的安排；再就是溪涧与游路间的若即若离的关系组织（图2、图3）。除此之外，设计将一切表现都交予用地，交给具体、直接的施工过程中的再创造。

3　与场地及施工的结合

由于用地自身是以后景观表现的基础，所以对现状的标高及大树位置调查的准确与否，也一样成了关键。设计初始阶

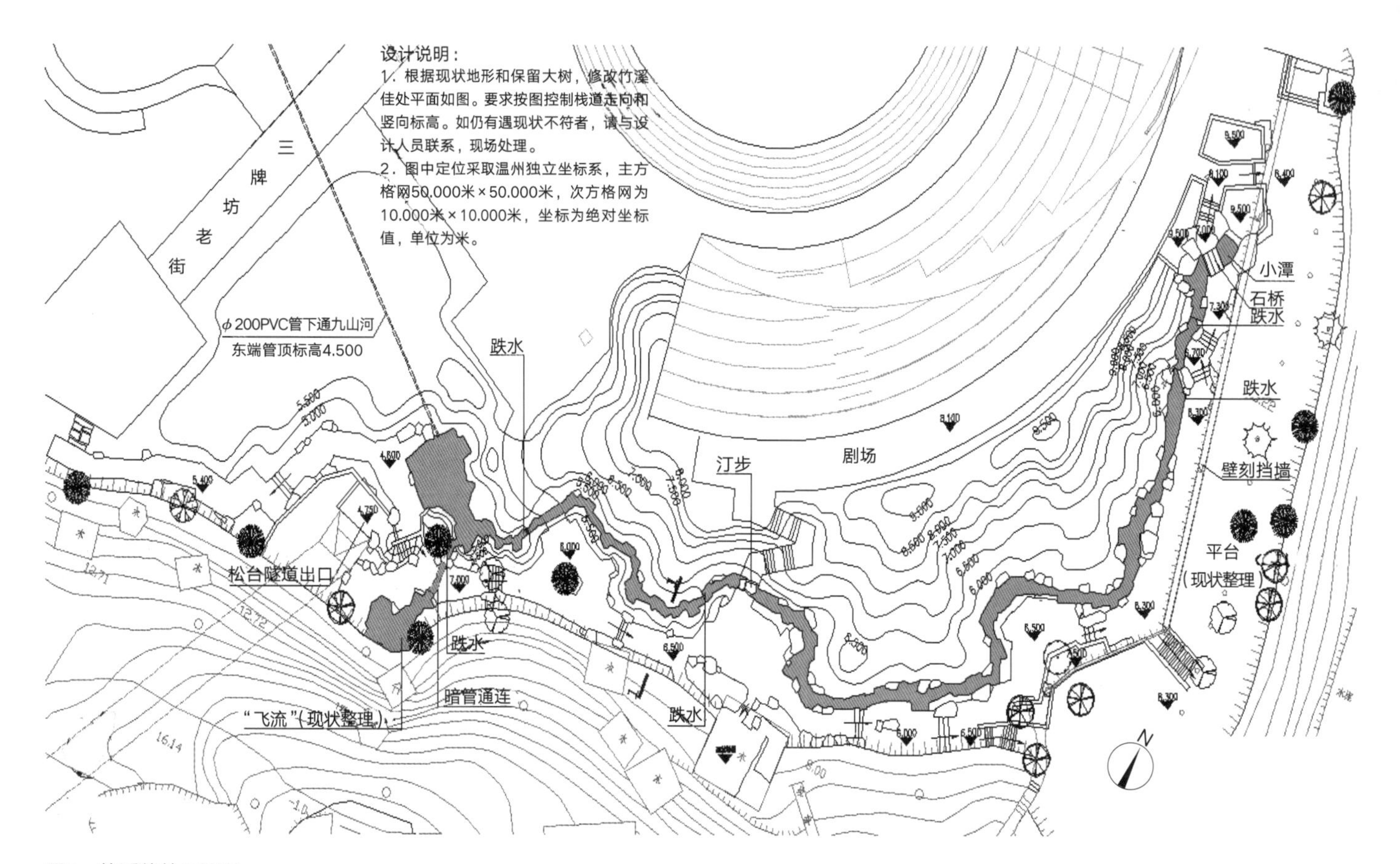

图2　竹溪佳处平面图

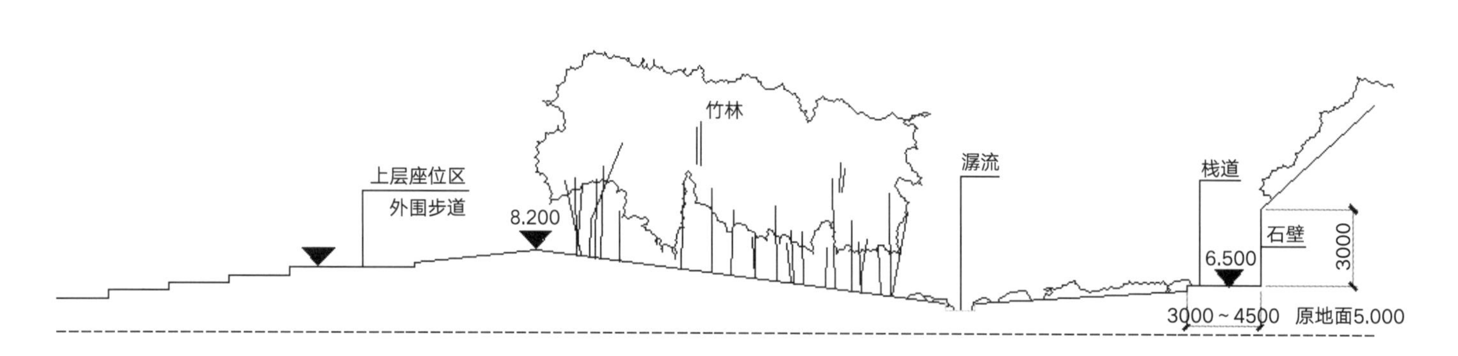

图3　竹溪佳处断面图

7.500

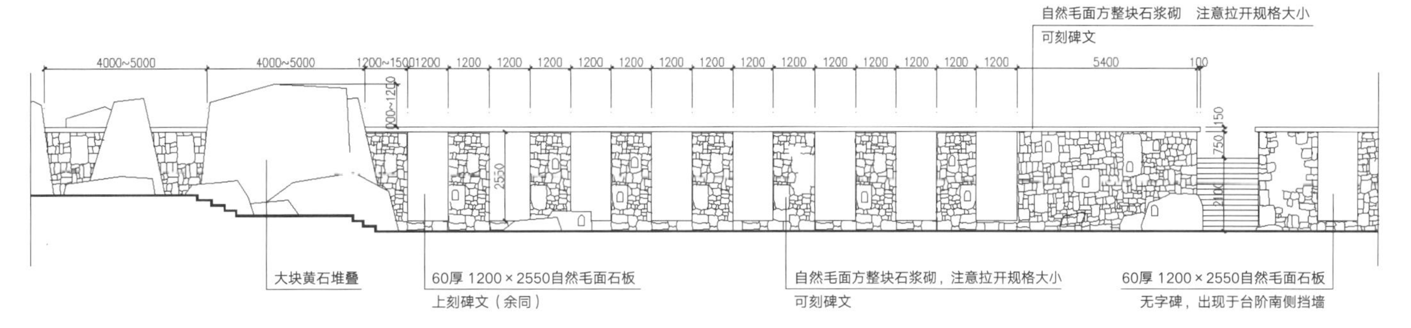

图4　碑刻墙立面设计

段尽可能将这些内容准确地反映在图纸上，并据此对溪涧、游路的线形设置及竖向关系给予原则性的意见及安排。同时还特别指出“如有与现状不符者，请及时与设计人员联系，现场处理”。这句话在这里就不是一般的套话。事实上，“竹溪佳处”最后的表现，除了关节场地和大的结构脉络外（如利用原有的一段挡土墙而做的碑刻墙，溪涧两端的蓄水处理，中段部分的小潭设置，图4），其余均在施工过程中做了大量调整，同原有图纸出入颇多——但也因此融入了周边场地（图5）。

特别是种植设计，只能是在土方工程、溪涧工程和园路工程完成后，现场给予明确和调整。施工方面的专业人员还为种植的特别形态花了心思，以求形成与山体、溪涧协调的整体景观。

图5　竹溪佳处实景

施工过程中，业主代表在溪谷南端发现了一组高大石壁，提出造一瀑布的想法。设计接到反馈，及时进入，共同在现场完成了这一题目，为“竹溪”又添一景致（图6）。

4 实施后记

如今，包括“竹溪佳处”在内的九山湖公园一期工程已经开园，为民众服务。在刚刚结束的由温州市民投票决出的“温州十大精品工程”活动中，九山湖公园位列第一。这个荣誉，是对包括主事者、设计方、施工方在内的全部人员工作的莫大肯定。

笔者每到温州，都会赶到公园去转转，体验一下公园的使用状况。有一定数量的活动人群（如集体晨练的各个协会、老年大学学员）分布在包括露天剧场在内的公园西部的开敞空间。“竹溪佳处”景点则散布着三三两两的人群——它提供了公园其他地方没有的、小尺度的、曲折起伏的幽闭空间，真正起到了“拾遗补缺”功用。

同时，因为坚持着与场地的结合和与施工的结合，设计潜行于场地特征之中，不露痕迹。这处整个设计工作中着墨最少的边角之地，也因此成为整个公园中自然气息最为浓重之地。所谓“自成天然之趣，不烦人事之工”（图7～图9）。

致谢：温州九山公园一期工程项目部经理朱之君先生在施工中做出的努力为公园增色许多，特此致谢！

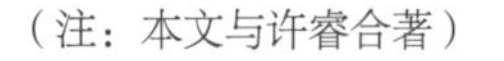
（注：本文与许睿合著）

图6 瀑布

图7 汀步、跌水、水洞

图8　无水时的旱溪景观

图9　碑刻墙实景

对地段特征的深入理解和特别表达[①]

——开化县玉屏广场的个性塑造

To form the Specific Property of the Square

—— Based on the Deep Understanding and Expecially Expressing of the Site Character

摘　要：文章通过对一县城广场设计的介绍，指出由于追求对地段特征的深入理解和特别表达，广场因此拥有了自身特色，并使此个性塑造的过程成为一自然生长的过程。

关键词：风景园林；广场设计；个性塑造；地段特征

① 本文已发表于《中国园林》，2003，19（10）：73-74。

1　工程概况

玉屏广场位于开化县中部，花山路的南侧、解放路的西侧、西渠的东侧。基地略呈矩形。广场净面积5500平方米。地势平，略向西斜。

广场周边用地规划为商业、金融、办公用地及娱乐用地。解放路是开化的一条主要城市道路。花山路西连玉屏山、东接芹江，是连接山、水、城的一条景观通道。

西渠上游直接通连水库，常年流水不断，水体清澈，流量大、流速快。

2　现状分析

（1）位置重要。广场位于城市的中心地带。这里人流集中、人气旺盛；同时也位于接连山、水的景观通道的中段。因而设计应强调广场在“品位”“意义”方面的挖掘和表达，从而迎合各方人群的心理期待，发挥广场在城市景观建设和文化形象表达方面的功用。

图1　广场西侧的“西渠”

图2　由地方块石砌筑的房屋

图3　西渠渠底柔动的1米多长的水草

（2）面积狭小。因而对场地的整体感的追求应贯彻设计的始终，避免造成杂乱、破碎局面，在这一前提下，力求“小中见大”。同时必然还需要一些非常规的设计手法来应对针对主题发展和人群活动的开展而有的面积分配方面的局限。

（3）特征鲜明。从场地西侧流过的西渠及其通连的上游的钱江源头，和下游牵连的钱江水体，成为用地的最大特征。与水相关的，比如对水源的保护、水体的便利使用等方面也成为地方文化的重要组成部分，这些可在设计中得到反映（图1～图4）。

3　广场定位

依据用地的现实条件和当地各方的心理期待，广场设计首先应强调一种标志性景观（场景）的形成。通过对用地的地段特征的真切体会，对当地文化的恰当提炼，以及设计语言的现代组织，最终形成开化县城内的一处得到地段条件和地方文化内在支持的，有着鲜明时代气息的标志性广场。同时对人群户外活动要求的满足也是设计应着力实现的另一方面的内容。

4　主题设置

根据对现场，包括对开化县城的考察和分析，广场的主题设置从“水”出发，由“源”涉“流”，这样的考虑，抓住了开化处于钱江源头这一地理位置特点，扩充了场地的时空内容，并应对了地方政府历年来坚持的生态保全立场和已取得的成绩对整个钱江流域的生态意味。对水的强调，也方便地迎合了用地西侧流过的西渠水体，易于满足人群对水体亲和的要求，共同成就广场的个性。

图4　卵石铺就的道路

5 具体设计

在主题确立的前提下，设计优先考虑了广场与城市（包括交通和人流）及西侧水体的关系，通过强调三者的合一（而不是刻意强调广场的独立），使得广场易于实现与周边城市空间的渗透和融合，同时便于城市人群的使用和设计意义的传达。人行道和广场硬地在同一标高上作了一体化的铺地设计，仅以临街的一行行道树联系道路沿线景观，并作为城市道路空间和广场空间的示意性的分离。

在广场的内部空间组织中，首先划分了水、陆两种空间，并分别形成了东北部的主题广场、东部的林荫广场、中部的透明挑台和西部低处的亲水池（图5～图7）。

5.1 主题广场

位于用地的东北部，直接面向城市，与周边空间连成一片。主题雕塑“生命之源”（或“根”）位于广场的中央，通过一定的体量和高度，向四周传达意义：“生命之源”（或“根”）通过其特有的生态意味，直接迎合了开化的生态县的定位，也在更深层次上触发了在现代城市发展和人类生活中，人与自然环境、地方文化关系的思考。围绕雕塑，是地面上一圈圈由卵石、不锈钢圆片、平整块石交替形成的扩散纹路，比拟着波纹，渲染着场景氛围。一径溪流在高强度玻璃的覆盖下曲折西行，“岸边”的铺地上刻写着钱江流经的地名。

5.2 透明的挑台

由于场地面积有限，面对硬地活动和亲水性活动对空间的争夺，透明挑台作为一种特别的解决手法出现在水陆交接处的中部。挑台上部与主题广场相平，南北长约30米，东西宽约10米，通过竖向处理，并通过高强度透明玻璃体这一材质的选用，来完成硬地活动空间和亲水性空间的部分交织和共享，从而满足各自对实体空间的面积要求。通过玻璃透视水从脚下奔流、跌落，透明的玻璃与透明的水体重叠在一处，成就了一种“透明”的景观感受。

5.3 林荫广场

林荫广场位于用地的东部，以方形图案与主题广场相区分。材料选取了卵石和平整块石，强调了材质的对比。色彩选用了黄白、青灰和红棕，素雅而沉着。规则的种植方式易于与城市空间形成一体，也易在内部构成稳定的秩序。8米×8米格网的交点上放置地灯，除了夜间照明外，其透明的表面材料也呼应了前面的透明挑台。这是一处可供停留的，供人自由活动的空间。

图5　总平面图

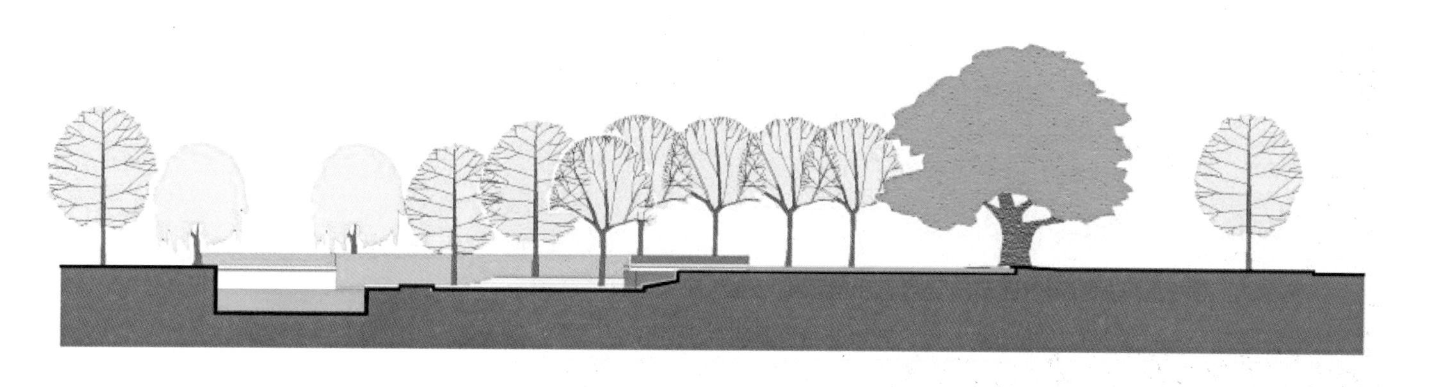

图6　主要断面

5.4 亲水池

亲水池一面深入透明挑台下部，承接着由东部而来的水流，一面也以20厘米的高差，跌落到西渠，从而使场地与西渠发生了积极的关系。左右错落、高低起伏的汀步在西部连通了水池的南北两岸，几枝粉红色的钢铁“荷花”安置在汀步的两侧，增加了景致，也顺便反映了用地曾为荷花池的事实。水池深约30厘米，方便孩童戏水。池底满铺从自然河道中采集的卵石，干净、利落，与现在西渠池底的柔动的水草形成对比（图8）。

6 讨论

对我们而言，城市中公共空间在数量方面严重不足是个老问题，不过在意识到以后，这个问题也是容易弥补解决的。新的问题是，随着建设和即将建设的这些公共空间数量的增加，其个性的普遍缺失也就暴露了。而由于广场建设更为目前各地所热衷，它的个性丧失也就表现得更加充分。

许多广场在一味地贪大、求洋、图新，但却缺少对市民的关怀、对地方文化必要而恰当的交代。诚如西方人所言——“广场是城市的客厅”，而国人所理解的“客厅”装修与我们的广场设计何其相似。大草坪、模纹花坛、下沉式广场，还有旱喷等“时尚”元素似乎都成了广场设计的标准配置。有些设计甚至不顾场地的自身条件和周边环境，也不怕被要求支付“版权费”，直接克隆着国外（内）的一些知名广场——连重新组织都省略了。

于是，广场的个性表达也就成了一个应该重视的现实问题。

关于个性的表现可以来自很多方面。“言人所未言”，一味出新，当然可以表现设计者不凡的创新思维，但如果得

图7 鸟瞰效果

图8　跌水、汀步、挡墙与“荷花”

不到环境，特别是用地自身条件的许可和支持——即“言己所当言”，其价值就会大打折扣。清华大学的关肇邺先生曾针对于此撰文《重要的是得体，而不是豪华与新奇》（载《建筑学报》1992第11期）。

本文所介绍的广场设计持有的即是这一观点的延续和发挥，以为“个性塑造来自于对地段特征的深入理解和特别表达”。所谓深入理解是在对用地的全面而清醒的认识的基础上做出的。它既应包括对用地特点（包括自然条件、人文情怀等方面，这里主要是指“钱江源”和“西渠”）的张扬，也应包括对其局限的分析（以便最终加以克服，这里主要指由于面积狭小而带来硬地活动和亲水性活动对空间的争夺）。如此，所做的设计就不会像“外来户”，而能与用地产生内在的关联。

对所理解的地段特征的表达，直接与设计的最后面貌相关联。表达有多种方式，这里强调“特别”则取的是一种积极的姿态（而不是被动消极的反映）。通过对场地的划分、材料和造型的选取等设计语言的特别组织，加强设计的个性表现力。

于是，两方面环环相扣，共同支持着广场的个性塑造。所谓的个性塑造就有了一种“自然天成”的味道，成为设计全过程的自然结果。

“尽收城郭归檐下，全贮湖山在目中”①②

——一次情景体验式自然山水园林的实践探索

“All the City Walls Are under the Eaves, and the Lakes and Mountains Are Stored in the Eyes”

—— A Practical Exploration of Natural Landscape Garden with Scene Experience

摘　要：孙筱祥先生曾提出中国古典园林讲究3个境界：生境、画境和意境。此三境相互交融，最后达到“以情写景”和“以景寓情”的理想境界。千岛湖明珠观光公园位于国家级风景名胜区千岛湖风景区与淳安县主城区交界处。城景之间的独特区位，使公园具备良好的“自然美”生境条件。设计通过合理规划游线，组织动态观景序列和营造观景节点来调动游人观赏情绪，以达到步移景异的“艺术美”画境效果，并期许能够结合游人自身生活经验，让他们触景感怀，营造出“因景生情，情景交融”的“情感美”意境。尝试从生境、画境及意境的营造上探析此情景体验式自然山水园林的设计要点，特别是风景建筑的布局和引导，并希望此设计实践对同类型园林建设具有一定的借鉴价值。

关键词：风景园林；情景体验；生境；画境；意境

著名的中国风景园林大师孙筱祥先生曾提出中国古典园林，特别是文人写意型山水园林要讲究3个“境界”：生境、画境和意境[1]。生境就是营造一个生意盎然的“自然美”境界，需要有“虽由人作，宛自天开”的视觉美，但强调的是一种较为原始朴素的自然美状态。画境讲究对此原始状态进行取舍和概括，通过在原始美中注入人工干预而形成一定的“艺术美”境界，诸如通过安排整体布局关系，组织动态空间序列及巧妙运用借景、障景、对景和框景等园林设计手法，形成具有人工特点和个人创作特色的境界表达。意境是一种“理想美”境界，讲求游览者触景生情，情景交融，让其感情得到升华。

千岛湖明珠观光公园实践案例就是尝试通过此3种境界的相互转化与融合，适当运用现代材料语言及表达方式，传承中国古典园林境界意蕴，营造出一处具有时代感的山地型自然山水园林。

1　生境“自然美”基调

千岛湖风景名胜区是国家5A级风景名胜区，被称为“中国湖泊旅游典范”，湖光山

① 本文已发表于《中国园林》，2020，36（S2）：134-137。
② 全国优秀工程勘察设计行业奖之优秀园林景观设计三等奖（2015年）、浙江省建设工程钱江杯优秀勘察设计奖二等奖（2014年）。

图1　公园与千岛湖中心湖面和城区的位置关系图

图2　公园直接面对千岛湖主湖面
（图片来源：网络）

色，景色绝佳。千岛湖明珠观光公园位于千岛湖风景名胜区与淳安县主城区交界处（图1），并直接面对千岛湖主湖面东北至西南的主要纵深方向，视野层次深远，视域范围宽广（图2）。公园因与城、湖紧密相邻，且在园内可俯瞰千岛湖主景区及城市多维远景，从而成为主城区内唯一一处可以同时充分领略山、城、湖、林等景观共融的观景场所。

场地由几个连续起伏的小山包串联构

成，在设计之前大部分区域为杂木树林所覆盖，只有简单的一条土路游步道可供人行走。在其最高处，有一小块裸露的缓土坡场地供人停留休憩并观景——透过树梢可领略到近景自然纯朴的青山绿野，中景群岛连绵的碧水湖泊及远景层峦叠嶂的起伏群山（图3）……毫无雕饰的原始状态透露着淳朴素雅的“自然美”气息。

明珠公园还紧接千岛湖大桥东端，是经千岛湖大桥进入淳安县城的重要对景和门户，具有一定的景观价值。随着场地的观景及景观资源，即“看”与“被看”价值被不断地重新认识和关注，以及需要与城区健身步道相连通从而形成山地游憩公园的呼声高涨，明珠公园需要被重新定位和设计营造。项目从20世纪90年代末启动，中间经历多轮方案修改，但终因位置敏感度较高而迟迟没有决断。但在某些方面大家的认知是一致的——此公园应是现代的、公共的、以观光为主题的山地型自然山水园林。那么如何充分利用原始的山地地形关系、最大限度地发挥观景价值、塑造大桥对景入户形象等，成为大家所期望解决的焦点问题。

2 画境“艺术美”营造

2.1 取舍与概括

宋朝画家郭熙说：“千里之山不能尽奇，百里之水岂能尽秀，……一概画之，版图何异？[2]”园林设计前期的相地取景犹如画家作画前之选景取图，要彰显景致的精

图3 从公园望出去的多层次景致
（图片来源：网络）

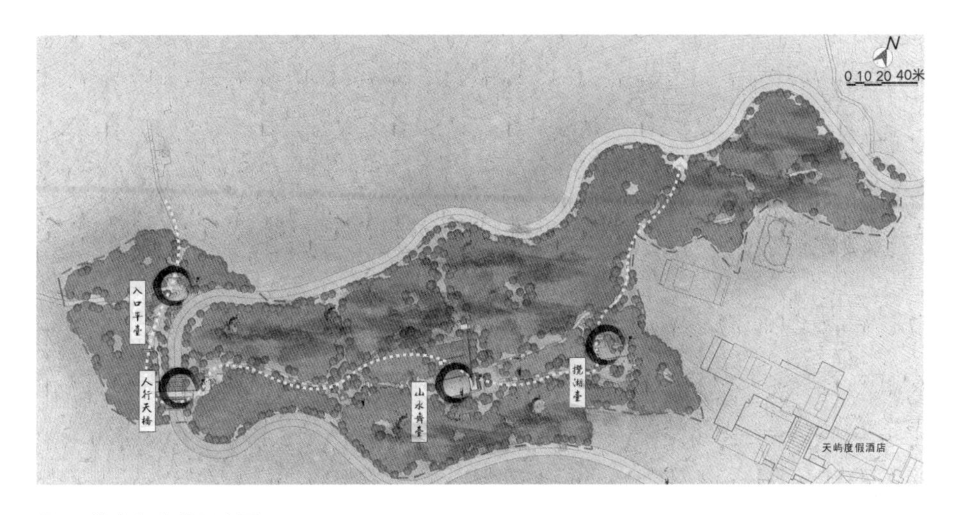

图4　选点与布线示意图

华之处，回避杂乱之象，从而有所取舍和提炼。

明珠观光公园设计在明确“观景抒怀”的主题后，首先要做的就是选线布点。设计选取了4处重要的观景节点：入口平台仰看绿野屏障，自山下向上望形成高远之景；人行天桥远看城湖相映，形成深远之态；山水舞台自近山观远处湖山层叠，形成平远之韵；揽湖台视线开阔，赏四面景致。山、水、城、湖美景各有所取（图4）。

2.2　动态序列布局

宋·陆游的“山重水复疑无路，柳暗花明又一村”[3]说明了空间序列转化对人的情绪的影响。中国古典园林讲究空间序列组织，欲扬先抑、步移景异，让游览者在其中情绪起伏得当，流连忘返。此亦为园林观赏所讲究的动观与静观相互转化之妙[4]。明珠观光公园在节点安排及节点间相互转化的方式上均考虑了此动态序列的组织关系。全段构建了4个乐章——起景、承景、高潮和结景（图5）。

第一个乐章为自入口标识到人行天桥下，为全园的“起景”。此段除连接城区游步道和解决临时停车的问题外，主要用来提示公园入口形象——以小景及近景塑造为主。四周林木遮蔽，节奏舒缓，以“抑”体验为主（图6）。

第二个乐章为自人行天桥至休憩平台，为全园的“承景”。此段设置人行天桥及附属构筑，除利用立体交通解决人车

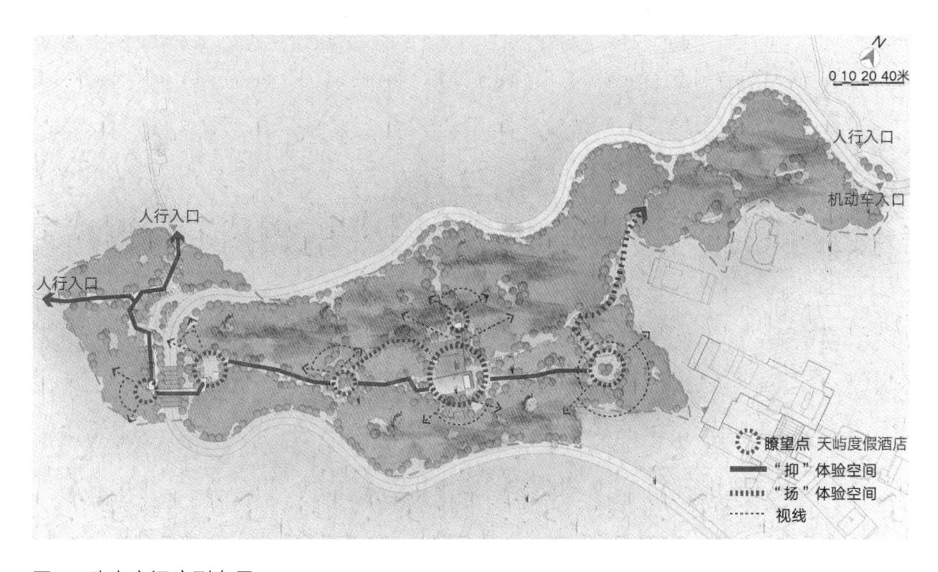

图5　动态空间序列布局

图6　入口“抑”空间体验

图7　城景之间，长境聚焦

分流问题外，主要是提供2处行人观景体验。首先，行人上楼梯入格栅长镜内，先抑情绪，到一端框景处远眺城市远景，接着穿长镜、登台阶，再抑情绪，至休憩平台处再次放眼俯瞰千岛湖局部湖山景致。这2次小的空间序列转换形成了“城景之间，长镜聚焦”之画境，使行人完成了“城市景”与“湖山景”之观景体验（图7）。

第三个乐章为自游步道至山水舞台，为全园的“高潮”。此段依据山体走势，设置架空步道（或地面游步道）、茶室建筑及附属构筑，除满足基本休憩茶饮、观演台和健身功能外，通过设置不同高度的观景平台，强化“远眺”优势，形成多层次、多角度的观景方式。此段在架空步道及地面游步道段以树间穿梭状态为主，先抑景

图8　茶室建筑隐逸在山林中

图9　茶室建筑与二层悬挑平台

（图8），至茶室建筑前平台后空间倏然放开，面对开阔的千岛湖湖面、千岛湖大桥和层叠远山，游人情绪瞬间得到释放（图9）。而在建筑二层平台尽端设置的框形悬挑构筑又强化了这种临空面湖的感受，让游人的身心再一次得到释放（图10）。以山水为舞台背景，市民或游客可以在此健身歌舞，形成“山水为幕，人景共舞”之画境（图11）。

第四个乐章为自山水舞台至揽湖台，为全园的“结景”。此段位于山顶最高处，在不同高度设置多个方向的观景平台及休憩廊架，赋予其全方位的静态观景功能。行人离开山水舞台空间后，通过蜿蜒游步道时情绪被再次抑制，后至山体最高处时视

图10　山水为幕，人景共舞

图11　多层次平台强化观景优势

图12　揽湖台凌空四顾

野四面放开，视线开阔，环山四顾，湖、山、绿、城尽收眼底。适当小憩后，游人便收拾情绪，通过架空栈道拾阶而归（图12）。

4个乐章整体呈现起承转合之态，并在每一个乐章内又有欲扬先抑之势。自然游线中注入人工设计干预，通过动态序列布局，让一幅幅静态的山水画面立体化、生动化，转化为游人丰富的心理体验。

2.3 “看”与“被看”

游客游览公园以观景体验为主，强化“看”景。公园又处于湖边和千岛湖大桥正对面，需要有展示形象，充当“被看”之景。设计采用了中国传统园林造景手法之一的“框景”来实现“看”与“被看”：摒弃散乱平淡之物，撷取园中特色之景组成风景画面，使视线更加集中在需要观赏的景物上，主题更为突出，同时“框”自身又可成为一景，从而把“自然美”升华为“艺术美”[5]。明珠观光公园采用木格栅取景框贯穿于整个设计之中——入口处框景框出形象标识，人行天桥长镜框出城市远景，山水舞台框景把湖山之景引入其中，并成为公园的独特标识（图13）。

图13　公园“框景”造景手法应用

3 意境“情感美”感悟

古时文人雅士常寄情于山水，如郭熙在《林泉高致》中对山水的描绘便充满了感情色彩：“春山澹冶而如笑，夏山苍翠而如滴，秋山明净而如妆，冬山惨淡而如睡。”可见当一个人把情感融入自然环境中时，任何自然景色都能触发其感情的波动，从而使山水成为一种象征，一种情感寄托。中国古典园林，特别是文人园尤其注重此种意境表达。对于自然山水园林，这种山水寄情情结在古时常表现在登顶和宴游2项活动中[6]，而明珠观光公园就提供了这2项活动相结合的境遇——登高望远和把茶言欢。

自公园建成并投入使用以来，每天都有成群的市民或游客登顶于此。登山游览者在此远眺城市远景，细品眼前层峦叠翠，湖光山色，感受四时之不同景致，还会偶遇“落霞与孤鹜齐飞，秋水共长天一色”之美景，届时除感叹祖国的大好河山外，定会与己之身境产生强烈共鸣，既可能是“东临碣石，以观沧海”的豪迈感慨，又可能有“冯唐易老，李广难封”的无奈之意，还会是“老当益壮，宁移白首之心”之壮志情怀……

4 结语

明珠观光公园作为连接主城区和景区的重要新型城市休闲空间，建成后同时服务于本地市民与外地游客，成为千岛湖一处重要的健身休闲、登高望远的标志性景观场所，达到了项目预期目标。此次实践在满足预期功能目标之余，也是对山地型自然山水园林之三境界转化和营造的一次较完整尝试，以期达到“寓情于景”和“情景交融”的理想境界。

（注：本文与朱振通、姚悦思合著）

参考文献

[1] 孙筱祥．生境・画境・意境：文人写意山水园林的艺术境界及其表现手法[J]．风景园林，2013，20（6）：26-33.

[2] 郭熙．林泉高致[M]．上海：上海画报出版社，2010：1-10.

[3] 陆游．游山西村[J]．中华活页文选：初三版，2013，54（3）：75-76.

[4] 封云．步移景异：古典园林的游赏之乐[J]．同济大学学报：社会科学版，1997，8(2)：11-14.

[5] 李德华，朱自煊．中国土木建筑百科辞典・城市规划与风景园林[M]．北京：中国建筑工业出版社，2005：272.

[6] 旷丹．园林・旅林・山林：从《文选》诗看魏晋时期的山水书写[J]．焦作大学学报，2015，29（4）：30-33.

开放与生长①
——超长时空尺度下的杭州运河拱墅段景观带设计

Open & Grow

— Design of Cultural Landscape Belt of Hangzhou Gongshu Section of Beijing-Hangzhou Grand Canal on a Ultra-long Space-time Scales

摘　要：京杭运河拱墅段集中了杭城沿河的大部分历史遗存。是构成杭州这一国家级历史文化名城的重要历史地段之一。面对公共空间组构、亲水空间达成及文化空间点染三大任务，本文通过对该景观带从规划到设计全程的回顾和反思，针对由超长时空尺度所带来的包括散落文化要素的选择和表达、丰富段落空间基础上的整体性的维护等关键问题，特别是针对“在开放空间中建设开放空间”的这一当下城市开放空间景观营造所面临的普遍问题，以务实开放的态度，给予城市现有时空信息更多正面理解，并明确了相应的解决之道。

关键词：拱墅段文化景观带；超长时空尺度；开放空间；文化表达；整体性

1　项目概况与设计综述

1.1　项目概况

杭州运河拱墅段沿线集中了杭城沿河的大部分历史遗存。是构成杭州这一国家级历史文化名城的重要历史地段之一。京杭运河文化旅游线规划要求“围绕运河文化的重现与再生”，以沿河地块的景观设计为重点，坚持保护文化遗产与历史环境的真实性，保护和展示运河沿岸生活与产业结构特色的延续性，形成传统历史遗产文化与现代环境、现代生活和谐统一的运河文化旅游景观带。

本次设计范围：在东到丽水路，西至河西湖墅北路、小河路以东，南起长板巷，北至石祥路，全长约6.4千米的范围内的两侧平均宽度为30米的地块（图1）。

1.2　设计综述

考虑到运河沿线景观带设计是个系统工程，牵涉有关地块性质的调整、驳岸的整理、游路的沟通、周边交通的整治、服务设施的完善，特别是相关文化内容的挖掘

① 本文为2007年度中国风景园林年会交流项目及论文。

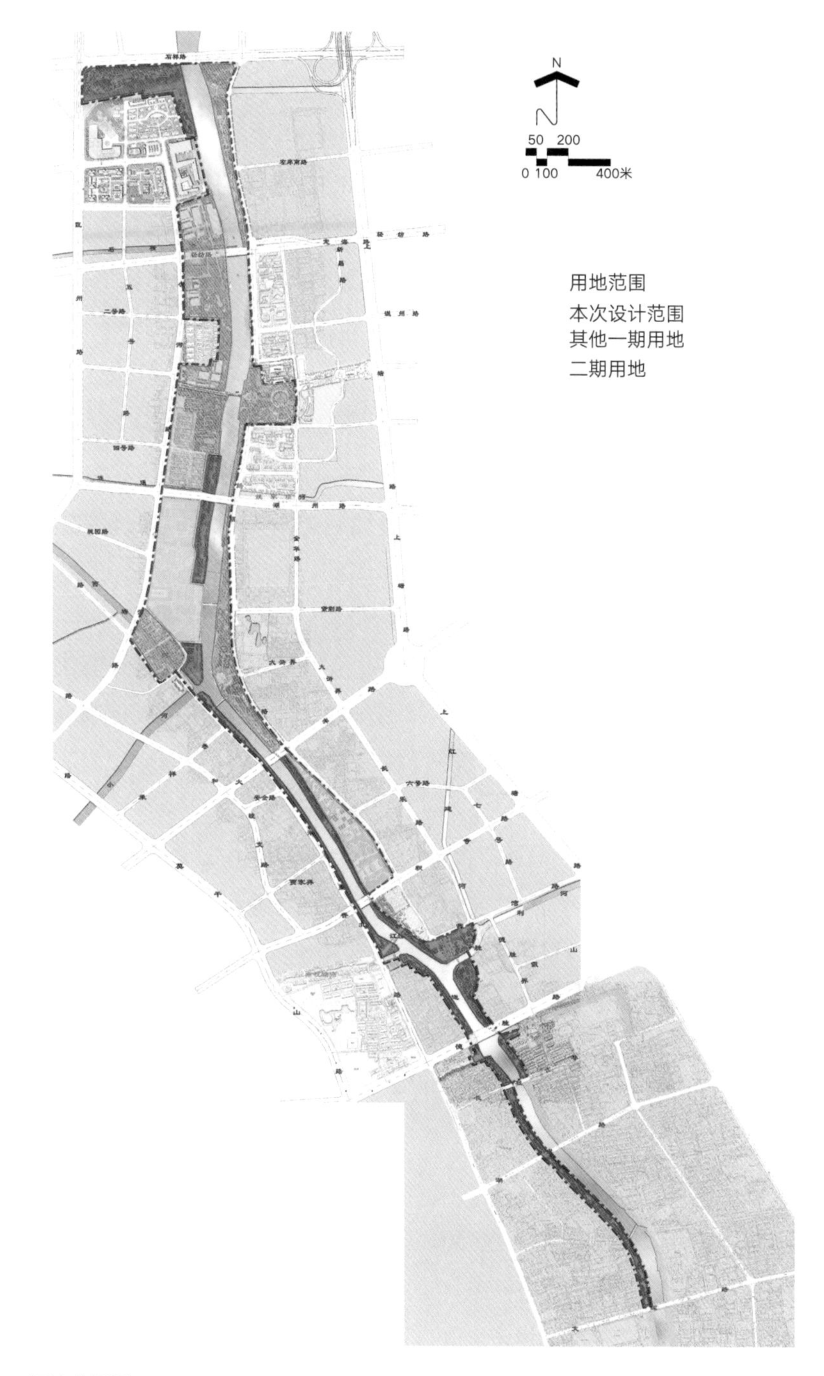

图1　设计范围图

和表达，这首先需要一个总体上的清醒认识和通盘考虑，特别是对于一个全长达6.4千米的带状用地，更该如此。

因此设计从大处入手，分为两个部分。第一部分即为“运河拱墅段沿岸景观绿地设计总体部分”，主要是在《京杭运河（拱墅区段）两岸控制性详细规划调整》（杭州市规划设计研究院，2002年），特别是《拱墅区运河文化旅游线规划设计》（浙江省城乡规划设计研究院，2003年）中相关内容的基础上进行整理，包括目标定位、地段主题、布局结构，公共空间组织、亲水空间组织

图2 文化资源分布

和文史空间组织等方面的内容。它使得即将开展的一期工程在解决具体问题时可以拥有更宏观的背景，可以呼应更深厚的时空，而不致草草落笔，沦落为简单的“就事论事”或一厢情愿的“自我发挥”。

如果说第一部分的工作还有较多的理想色彩的话，那么，在进行第二部分，即“运河拱墅段沿岸景观绿地设计一期工程部分”的方案设计时，现实的状况就需要更多地加以面对。设计因此针对沿河两岸的用地现状，分别从有关驳岸、绿化、通达性、两岸建筑及使用人群等方面加以分析，并围绕“因地制宜”和“以人为本”两个原则，顺势提出“竖向分区”——指的是在条件苛刻时（上部绿带宽度不足或无法从相邻建筑空间中剥离出来）而采取的对用地（驳坎）高差的一种利用方式；“空间共享”——指的是在可能的情况下，尽可能实现绿带与运河水体及外部城市间在景观方面和空间方面的渗透和共享这两个概念，并以实现岸线的全线贯通为突破点，把工作重点放在如下方面：通达性的提高、停留空间的增加、文化品格的表达、景观的改善和整体性的维护。

2 本设计始终面对的3个基本问题

2.1 “有迹难寻”与“无地可表”——超长时间尺度带来的关于文化表达的问题

时间跨度的久长，使得如下两个表现同时存在：一方面存有繁多的纸质历史资料，表现了本地区历史遗产的丰厚。另一方面，同样也由于年代的久远及城市的改造、更新，现状遗存量极少。

杭城运河沿岸绝大多数的古迹位于本段，历史文化资源丰厚。但在全长达6.4千米的地段中，仅存9处各级文物保护单位或历史建筑。分布上也只是零星散落，空白段落较多。除少数几个如拱宸桥、桥西直街和小河直街外，其余均不具规模，且均隐没于街巷之中，缺少足够的表现和有效的影响力（图2）。

针对本地现状遗存稀薄，而历史遗产丰厚且表现压力巨大（现实多方对古运河之“古”存有期待），设计在文化表达方面，最终确立了“注重保护、谨慎干预、有效传达”的原则。即一方面注意

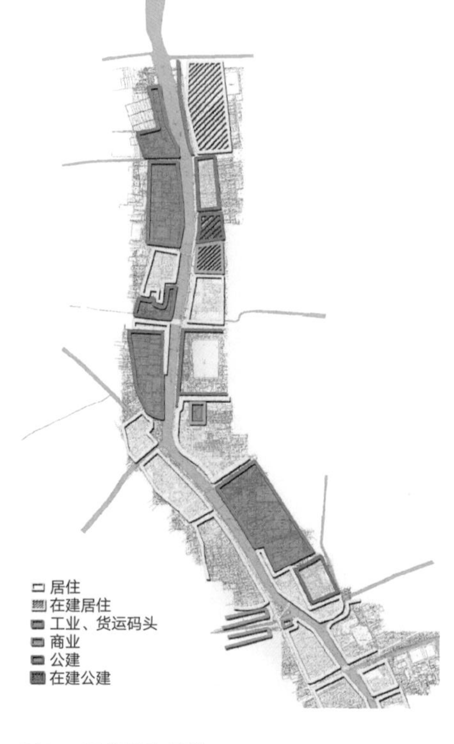

图3 现状周边用地

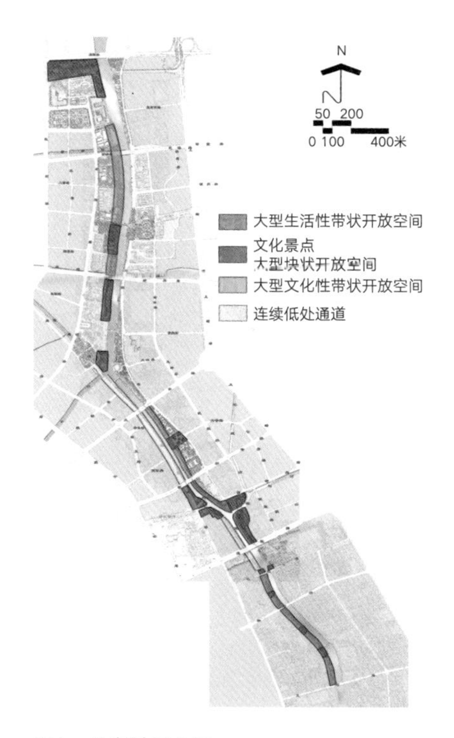

图4　纵向关系分析

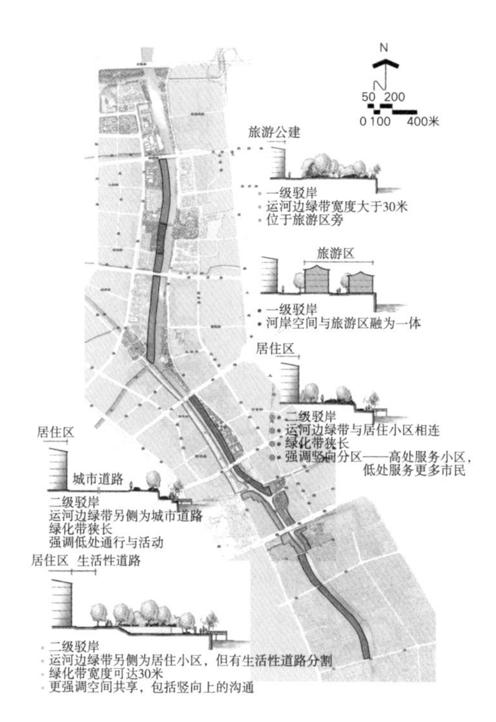

图5　横向关系分析

对现有历史遗存的保护和整理，强调文物的原真性；另一方面则以一种开放务实的态度对待历史文化资源，通过谨慎干预和有选择的复原，实现文化的有效表达和传承。

其文化发挥选择的依据在于对文化传承、现实用地条件、旅游开发三个方面的综合考虑。其中文化方面主要集中在航运、商贸、市井民情及近代工业方面的文化内容。用地方面则优先选择现实有基础的、仍有相当遗存的场所加以发挥（如拱宸桥、小河地段）；或者对于运河及拱墅的历史认知方面富有意义的地段（如富义仓、杭一棉）；或者富有人情味、有相当情节化的民间、民俗的地段（如小河地段）；或可以整理在一起，从而发挥规模效应的地段（如卖鱼桥地段，还可结合会馆文化、航运文化、商贸活动）。旅游活动方面则考虑了了解历史（如拱墅历史、运河历史等）和体验生活（如船民文化、会馆文化等）两方面的内容。

在具体景观营造，特别是建筑景观营造方面，设计通过不同样式的“并置”实现相应文化趣味的“兼顾”。还因此将运河沿线的景观建筑归类为3种形式，即民居类、园林古建类和其他构架式景观建筑风格。其中民居风格景观建筑主要集中在桥西和小河两个以晚清和民国时期民居为主的历史保护地段。园林古建风格的景观建筑主要分布在一些有着历史文化内涵的景点处，如御码头景点、忠亭、左侯亭等处。而构架式样的景观建筑则点缀在其他地段，主要散布于湖墅路沿线和长板巷——文晖路的绿带中。它们既因为自身通透的构架形态而易与周边环境结合，同时也可为整个景观带增添一些时代气息。

2.2 “局部纠结”与“整体破碎”——超长空间尺度带来的全线整体性维护的问题

运河不是一条独自流淌的河流，它贯穿杭城南北，染有太多的性格。多年“各自为政”的地块经营，用地纠集了过多的功能和景观形态（图3），彼此没有太多关联。而当它们在长达6.4千米的带状空间中集中展现出来时，整体上呈现出的就更是一副“凑合、破碎”的形态，彼此间缺乏组织。

设计因此在对用地进行多要素分析的前提下，还特别强调了对用地纵（沿线景观带之间的关系）横（景观带与外部城市和运河的关系）两个方面的综合判断和整合。

就纵的方面，即沿线景观带之间的关系，设计根据沿线绿带的宽度和位置，强调了各段落的分工——周边是旅游地块或自身有一定历史遗存的地块，更强调一种文化景观的表达；如周边为居住地块，本身的文化资源也不浓厚的，就顺势强调一种生活性的景观；如地块自身空间相当局限，则仅仅作为一种通道处理（图4）。

就横的方面，即景观带与外部城市和运河的关系，设计综合了驳岸形式、绿带宽度、相邻地块性质及绿带通达状况，将景观带区分成5种情况（图5）。并在此分析的基础上，提出“空间共享”和“竖向分区”两个对应概念。

所谓“空间共享”，指的是在可能的情况下，尽可能实现绿带与运河水体及外部城市间在景观方面和空间方面的渗透和共享。

“竖向分区”指的是在条件苛刻时（上部绿带宽度不足或无法从相邻建筑空间中剥离出来）而有的对驳坎高差的一种利用方式。

以上内容，主要是从段落化的设置方面保证了景观带“总体统一，各自精彩”策略的实现，兼顾了整体感的维护与对单调感的克服，对多样性的表达与对混乱的克制。

同时，基于超长景观带全线景观表现多样性的天然存在，还需有超越段落这一层次的更直接的考虑，来直接对应景观带整体感的形成。设计因此统一了直接面水的多种景观要素，包括统一的栏杆样式、低处通道的铺装材料（石材——实际施工时为老石板）和种植材料（原为柳树——要求缺处补植树龄一致的柳树），以及突出于水边的，特别是桥头处的建筑、小品的风格。

在文化意念上，设计还提出了“里程碑”这样的概念：通过相应里程碑的设立，标示运河沿线重要城市间的距离，既可直接传达运河所特别具有的长度与气度，也能成为又一种统一的景观元素。

2.3 “俗不能屏”与“佳未必收”——在开放的空间带中建设开放空间

“佳则收之、俗则屏之”为《园冶》中总结的一种借景手法。传统园林中也多有成功案例。陈从周先生曾进一步解释为“不隔其俗，难引其雅；不掩其丑，难逞其美。”

对于本次设计的景观带而言，此条则难以施行。一方面在于绿带宽度多仅为30米，自身空间缺少回旋，对视线难以形成有效组织。并且由于一侧滨水，视线也就具有亲水性，变现出固执的单向性。另一方面则在于作为一种特别的通道，由于河床及水面远低于人的视线，因此暴露在水面以上的诸多因素，如驳岸、绿化、桥梁，都不同程度地影响着运河沿线的景观。特别是外侧较密

（a）居住建筑是沿岸建筑最多的类型

（b）挡不住的高层住屋

（c）滨水住宅

图6　河道侧难以遮挡的高大建筑

图7　御码头

集的多层甚至高层的现代建筑群，是沿线景观展开的大背景，无法“屏障”（图6）。

设计因此首先需要改变在封闭独立的环境中营造“理想”景观的设计概念和评价标准。而须以一种开放的态度，接纳周边建成环境的各种影响，尽量做到“佳则强之、俗则弱之”。具体设计中则主要借助于对绿化空间和局部节点空间的强调，实现有效的景观营造：

（1）强调绿化的“隔离”及“中和”作用。宽度达30米的绿化空间，再加上宽度达60米的运河，对于外侧的多、高层建筑给沿河景观带的压迫和干扰还是能起相当作用。同时也可作为一个隔离层，对外侧强悍的现代气息作一定的阻挡，为沿河内侧可能的异质景观营造（如强调古文化传承方面的）提供了一定的发挥空间。当然，绿化也可以作为一种“中和”剂，连接沿河景观和外部城市景观。

（2）占领节点空间，形成局部优势。由于需要强调运河的“古”，在沿河的局部节点空间，通过有一定规模的建筑、小品等内容的组织，形成局部优势，有效传达相应的文化气息。如御码头处就通过直接临水、彼此呼应的两组建筑（仿古样式），后部的高层住宅建筑虽也出现，但也自然地退至背景地位，共同形成了以御码头仿古建筑为中心的、有一定视觉张力和饱满度的景观环境（图7）。

3 近期实施效果

通过近两年的项目实施，我们主要在提高全线通达性、公共性及形成运河文化基调方面取得了一定效果。

3.1 通达性和公共性的提高

通达性对场地的公共属性的培养至关重要，其程度的高低直接对应空间共享程度的高低。通过种种努力，跨越沿线河道、穿越沿线桥梁，基本实现了设计范围内的全线贯通。包括紧邻湖墅路的通道也涌现出了散步的人群，还出现了沿途步行上班的上班族。而这些在改造以前是不可想象的。运河因此和更多人建立了关联（图8）。

图8 桥下的通行空间

3.2 文化品质基调的初步形成

这一基调的形成，得益于前面关于文化表达方面确立的“注重保护、谨慎干预、有效传达”的原则，从而使得设计可以在单薄的现状上做一定的文章。包括“湖墅八景”中几处碑亭的设立、御码头的设置、华光桥的建设等，在现代气息浓厚的运河边硬是挤出来一丝“古意”（此点跟绍兴运河景观带不同，拱墅段的运河是全线进入城市建设区的）（图9）。

图9 华光桥与富义仓遗址公园

还需说明的是，临施工时由业主方面改掉的沿河的低处通道的铺装材料，即由一般的石材改为老石板铺装，也起了相当大的作用（图10）。当然，老石板的采购地也付出了一定的代价，不知算不算文物流失。

4 设计体会及运河景观带未来工作重点

4.1 设计体会

4.1.1 提高通达性，强调全线贯通，是最值得坚持的事

在最初的工作中，设计认识到了全线贯通对运河景观带的重要意义，但考虑到实施的难度，因此持有的态度仅为强调“力求全线贯通”。当时的一个理由还在于即使实施了全线贯通，利用率也不会高。

根据已经实施的部分来看，正是坚持下来的全线贯通，才使得运河和城市发生了更大关联。虽然利用全部步道走完全程的“毅行”者有限，但是运河游线的组织却也因此没有了阻碍，存在各种可能线路——而这是促进常态或随机休闲行为发生的一个重要条件。

未来水上游线的全线开通，及其与陆

上游线的有机组织将更会放大运河的意义。

4.1.2　运河主体性格与滨河地区亲水感的自然建立

从编制《拱墅区运河文化旅游线规划设计》时，景观带亲水感的建立就成为一个着力点。其中最大的障碍是驳岸与常水位间2.3米以上的高差。虽然当时也作了预判，认为“相对于60～100米变化的河的宽度，这种高差仍可接受”。

实施之后，这种判断得到了验证。同时也能认识到原先的判断还不全面——既忽略了运河主体性格也会影响滨河地区亲水感的感知方式。由于历史上运河的主要功能还不是景观而是河运，且其断面也以沟渠方式出现。因此行走在运河边，人对高差的接受会高于其他水域，如长期作为风景游赏地的西湖边。同时，运河中仍在运行的船只也是运河边人群乐于看到的一种风景，也因此成为感受运河的一种方式。

4.2　运河景观带未来工作重点

4.2.1　进一步促进运河与城市的关联度

目前步道的贯通还只是个基础，未来如果强调运河与城市多方面的关系，运河从城市背后进一步走近城市生活，还需要做好如下3个方面的工作：

（1）交通系统的有机整合。目前运河沿线正在打造城市慢行系统，将慢行系统、水上交通系统以及外部城市交通加以有机整合，将从根本上提高运河的可达性。

（2）运河周边地块的有机整合，包括商业空间在内的公共设施应多考虑与运河景观带的结合。

（3）丰富运河沿线公共活动事件。一些动态的、参与式的活动的策划对于增加运河的魅力和吸引力是必不可少的。如根植于当地民俗风情的水上街市、庙会、放河灯、蚕桑节和赛龙舟，或是与当代的生活结合密切的，如美食节、艺术展览、音乐会、运河两岸清洁运动等。

如由《都市快报》发起的利用运河两岸游步道开展的运河健身瘦身之旅就吸收了一定的人群，并吸引了相当的注意力。

4.2.2　文化品性充分表达的依靠

需要说明的是，目前已经实施的部分仅是对运河文化品性的表现打下一个初步的基础。运河沿岸的景观密度与景观品质都需要进一步提高。

而这样的任务必须依靠那些具相当规模和分量的文化景点才能实现。只有这样，所谓运河文化的表现才会给人以更深刻的印象。

图10　老石板铺地（历经岁月风雨的老石板，雨天还能防滑）

骑游湖岛，漫赏田园[①]

——浙江省淳安县环千岛湖绿道规划设计

Study on the Planning and Design of Scenic Tourism Greenway

— A Case Study on the Planning and Design of Qiandao Lake Greenway in Chun'an County, Zhejiang Province

摘　要：环千岛湖绿道规划设计立足于国家级风景名胜区资源优势，通过对区域内的风景资源、居民、旅游的结合，立足于地域性的景观风格表达，注重与绿道环境的结合、与区域旅游发展的结合，打造具有淳安特色的风景旅游绿道，服务和促进旅游发展，推进全域景区化建设。环千岛湖绿道建设是风景旅游绿道规划设计的一次探索与实践。

关键词：风景园林；风景名胜区；旅游发展；绿道；地域化

1　规划背景

环千岛湖绿道所处的千岛湖风景区位于浙江省淳安县境内，是浙江省杭州市“两江一湖”国家级风景名胜区的重要组成部分，以秀美的湖岛景观为核心，结合湖区周边乡镇形成了世界级高品质的山水景观资源与地域特征明显的乡村景观资源（图1～图4）。随着淳安县旅游发展，淳安县面临着“如何在以湖区为中心的观光旅游的基础上，结合新的旅游市场需求，强化休闲体验游憩产品，重新构建全域空间的游憩系统，拓展旅游的地域范围”的发展诉求。绿道作为一种线性开放空间，能串联景区、乡镇、农业园区、旅游节点等，可实现从湖区游向乡村游的拓展，是淳安县旅游产业转型、旅游空间拓展、实现全域旅游的重要媒介。

根据所处的环境特征，环千岛湖绿道依托千岛湖国家级风景名胜区，以优越的自然风光为主要空间载体，属于风景名胜型绿道：将绿道规划设计原理运用于风景区建设，以自然人文资源为基础，通过线性廊道连接自然景观与历史人文景观来实现风景名胜资源的传承，并进一步为游客及市民提供方便、可达、安全及具有较好景观价值的休闲游憩场所的绿色开敞网络空间。在功能上，环千岛湖绿道被赋予了通过绿道建设，拓展淳安新旅游空间，强化城乡互动，促进全域景区化建设，促进乡村

① 浙江省建设工程钱江杯（优秀勘察设计）一等奖（2016年）、浙江省优秀城乡规划设计一等奖（2015年）。

图1　沿绿道滨湖风光

图2　沿绿道城乡风光

图3　沿绿道山谷风光

图4　沿绿道田园风光

旅游发展的愿景。综合以上环境特征及功能诉求，环千岛湖绿道的主题可确定为风景旅游绿道，相较于风景名胜绿道，风景旅游绿道在注重构建联系节点的网络、发挥生态与游憩功能外，更强调绿道在旅游、促进区域发展方面的功能诉求。

2　环千岛湖绿道规划设计重点

2.1　突出风景资源导向

风景旅游绿道规划设计为连接型绿道设计，注重利用线性廊道尽可能联系区域内的景点与资源，因此宜突出以风景资源为导向，构建环境特征明显、资源丰富、进入便捷的绿道网络。

环千岛湖绿道线路规划布局以湖岛景观这一风景资源为导向来作为绿道线路布局的重要原则，注重联系园区、村落、山林自然环境等资源类型，实现联系农业园区10余处、历史乡村3处及其他旅游节点，成为这些旅游区域与节点的进入路径。

2.2　突出联系城乡空间

绿道规划应与城乡空间发展格局相联系，形成良好互动。村镇与居民作为风景名胜区的重要组成部分，可作为绿道服务设施的重要载体。将重要的村镇整合入绿道体系，借助绿道促进村镇发展，加强城乡联系。

环千岛湖绿道重视绿道体系与乡镇的结合，绿道联系了淳安县重要的9个乡镇、40余个乡村（其中中心村、特色村近10个），以景区化要求建设沿线的乡村，推动精品村建设及乡村旅游发展。

2.3　突出地域特色

绿道规划设计充分利用项目的地域特征、用地条件，塑造具有典型乡土特征的绿道景观形象。主要通过服务设施风格的乡土化、绿化景观的适地化、材料的本土化，形成融合乡土风光、融入自然生态景观的绿道风貌。

2.4 突出绿道功能体系的拓展

绿道的建设与区域发展目标相结合，通过绿道的建设，使绿道上的资源点、村镇等绿道所串联的节点因为绿道的植入而有了新的发展契机，使绿道在实现基本的生态、游憩等功能外，被赋予了更多的功能。

通过绿道将沿线20余处茶园、果园等农业园区整合入绿道系统，结合旅游发展要求，提升农业园区的产品品质，为本区域的乡村旅游提供了新的契机，有助于打造千岛湖环湖旅游的乡村旅游休闲产业链，推进全域景区化建设。

3 环千岛湖绿道规划设计的主要内容

3.1 绿道选线规划设计

绿道选线以串联景观资源的兴趣点优先——环千岛湖绿道围绕千岛湖中心湖区建设，围绕闻名于世的千岛湖湖岛风光——集合了山水观光资源、传统村落、农业园区、乡土文化旅游资源点等43处风景旅游资源，是风景资源较为集中的区域。绿道选线以近湖、连资源点为优先，绿道主线整体临湖率达到60%，同时尽可能串联较多的资源点。

环千岛湖绿道按级别分为主线、支线、延展线3种。

主线全长约140千米，80%以上实现了绿道的独立，线形平顺，确保安全与舒适。环湖南线绿道与公路规划设计、施工的同步进行，实现了绿道依托公路、局部结合景观资源，形成整体线位平顺与特色段落营造。环湖北线部分段落将已不使用的公路改造为绿道，部分段落将田间道路改为绿道。

支线指绿道与周边景点、景区、游览点的联系通道，是挖掘千岛湖旅游资源、丰富绿道特色的重要部分，更是联系乡村、串联区域资源点、推进乡村游的重要媒介。支线绿道在可能的情况下实现小区域的环线，共9条。

延展线是由主线出发、联系离主线较远且有相当旅游、开发价值的绿道线路，是绿道体系中主线、支线外的补充，是从湖区向更广、更深远的乡村拓展的辐射方式，共设2条。

按绿道沿线的资源特色，可进一步细分为展现千岛湖的湖光山色、观赏千岛湖自然山水、体验滨湖多样景观的滨湖体验绿道（图5～图7）；展现千岛湖地方特色的乡村生活、农田景观、农业产业发展等的乡村田园绿道（图8）；了解千岛湖自然植物资源，观赏自然山林景观，体验山村生活的自然乡野绿道；联系重要的历史人文景观资源的历史人文绿道；结合风情小镇建设的风情小镇绿道。

绿道的建设除新建绿道外，充分利用现有的资源如山林土路、公园林荫道和度假区游览道等，以实现与公园、景区内丰富的休闲设施的有机衔接。

图5 绿道局部绕离主线

图6 绿道骑行桥

图7 并行公路建设绿道

图8　利用田间道路建设绿道

3.2　绿道服务设施

环千岛湖绿道服务设施由驿站、配套服务设施、标识等组成。

绿道服务设施充分考虑绿道使用的多种功能需求，结合区域旅游发展诉求、游客规模和游客需求分级设置。驿站风格及与环境的结合上，突出不同绿道的特色和服务条件；与村镇发展结合上，优先结合村镇形成服务体系，兼容现有综合体、农家乐、农业园区等；绿道驿站建设优先利用村镇闲置资源。服务设施注重间距控制。建筑采用新乡土风格，与环境相融合。

驿站为绿道服务设施的重要组成部分，形成以一级、二级、三级驿站为主体，主题驿站为补充的多层级多类型的服务体系。一级驿站结合中心镇及大型综合体布置，间距约15~20千米，共计7处。一级驿站规模较大，多为新建，建筑风格以新乡土为主（图9）。二级驿站结合村庄或农家乐布置，间距约5~10千米，共计14处。三级驿站景观节点布置，强调与自然景观环境的融合，成为绿道沿线的休憩点、观景点，共计26处。材料与建筑样式更强调乡土化，以夯土墙、块石等材料为主（图10、图11）。主题驿站强调旅游服务功能，与园区、景区相结合，部分选用绿道沿线零星用地发展为特定主题的驿站，如青年旅社、垂钓俱乐部等。

3.3　绿道植被规划

绿道植被景观是形成绿道景观特色的重要元素，强调植物景观与环境景观的融合。环千岛湖绿道的植物景观主要考虑

图9　绿道驿站

图10　绿道休憩设施

图11　绿道停留点

图12　绿道春季景观

了与自然秀美的山水环境与淳朴自然的乡村田园景观的结合。

环千岛湖绿道植被规划设计注重：

（1）结构群落化：模拟自然群落，维护环湖绿廊生态系统的稳定。

（2）植材乡土化：选用乡土树种，保证植物材料的适应性和风貌的乡土化。

（3）段落特色化：依据绿道各段的立地条件，营造季相变化，塑造特色。

（4）景观适地化：植物景观适应立地条件融入千岛湖整体湖岛景观中。

环湖绿道总体营造野趣自然的植被景观，根据不同植被特色分为：

（1）春花秋叶景观段落——为环湖南线，以山樱、黄山栾树、重阳木、苦楝为骨干树种（图12）。

（2）秋季色叶景观段落——为环湖北线，以枫香、无患子、杨树为骨干树种（图13）。

（3）在边坡及林下分段落片植大花金鸡菊、常绿鸢尾、萱草、花叶美人蕉等宿根观花地被，营造自然野趣的花海景观（图14、图15）。

对于因道路施工形成的诸多山体创面、挡墙，采用了垂直绿化、坡面植物种植等多样化的方式进行了景观化处理。

4　实施效果

淳安县环千岛湖绿道以打造世界级绿道为目标，通过多年的建设，实现了环湖优美的湖岛景观资源、山林景观资源、自然乡野的溪流景观与质朴的村落景观的挖掘并串联，打造了以观赏自然山水景观为主、体验乡村田园景观为辅的环千岛湖绿道，实现了联系环千岛湖的旅游资源、统筹城乡发展并促进淳安县经济发展的目标，成为淳安县新的形象名片，带动了淳安县旅游迈向新的台阶。

图13　绿道秋季景观

43处各级驿站，提供了齐全的服务。

（4）带动效应强烈——环千岛湖绿道穿越9个乡镇、串联40个村庄。绿道建设完成后，推动乡村旅游从2014年的330万人次增加至2017年的638.8万人次、2019年的794.80万人次，乡村旅游收入从3.56亿元增长至2017年的7.4亿元、2019年的10.28亿元（图16、图17）。环千岛湖绿道的建设充分推动了淳安县全域景区化的建设，拓展了千岛湖旅游的发展与空间。

图14 绿道野趣花海景观

总体上，环千岛湖绿道立足国家级风景名胜区，形成了以下几大鲜明的特征。

（1）资源品级极高——绿道主线以新建设的环湖公路为依托，充分考量生态、地貌、用地等建设条件，实现绿道主线尽可能利用国家级的湖岛资源，实现主线的临湖率达到55%，滨水率达到75%，充分利用了风景名胜区资源。

（2）景观多样性高——除千岛湖湖岛外，环千岛湖绿道串联了众多乡镇、田园、历史古迹等，沿线自然的山林景观、湖岛结合形成的多变临水景观以及山林谷地等多样风景，打造了景观风貌丰富多样的环千岛湖绿道景观。

（3）友好度高——充分考虑绿道使用者的感受，体现对各类骑游者的友好：独立且连续的绿道主线占比约90%，实现绿道骑行的安全性；平顺的绿道线形满足骑行的舒适感；绿道沿线设置的

图16 绿道竞跑

图17 绿道骑行

（注：本文与张剑辉合作）

图15　绿道边坡景观

信步风景，漫赏湖山
——杭州西湖风景名胜区绿道系统规划研究

Planning and Study of Greenway System in Hangzhou West Lake Scenic and Historic Area

摘　要：西湖风景名胜区绿道系统规划研究呼应风景区“低碳环保示范区”的建立，立足景区特有的景观格局，满足世遗监管要求，以自然水系、山脊山谷、景观道路为主要依托，以公交（自行车）网络为支撑，以“设施完备、接入友好、行游一体”的风景绿道为根本特征，通过“资源整合、分度改造、智慧重塑”，构建一个结构合理、衔接有序、连通便捷、配套完善，集骑行、步行、舟行和观光车行等多种慢游方式，融环保、运动、休闲等功能于一体的风景绿道网络系统。

关键词：西湖风景名胜区；绿道系统；规划研究；接入友好；时空复合

从绿道最基本的两大要素——“green”“way”的角度出发，西湖风景区已经是杭州最大最美的绿道实践区了，它有天然的绿色廊道载体——湖滨、溪涧、山体等资源丰富；有多年的慢行交通实践——包括公交自行车系统的建立，以及29%的进出景区慢行交通比例和46%的景区内旅游慢行交通比例。但同时也有独特的问题需要面对：①承接分流——随着限行政策的升级，私家车出行比例下降后的，相关分流人群的慢行系统承接问题；②提升服务——随着慢行比例的进一步提升，系统本身运行良好与否将直接关系西湖景区整体的游览质量；③引导旅游——西湖景区“冷热不均”现象突出，如何通过绿道优化组织，帮助促进景区游客的均衡分布问题。

而对所有上述问题的思考，都需要同时围绕紧密的城湖关系、特别的湖山格局、严格的世界遗产管理等特点加以反复观照，进而务实解决。其中最根本的，就是确定西湖风景名胜区绿道建设目标，继而识别绿道建设重点。

图1　骑行巡逻的景区警察

图2　拥挤到爆的游客

1　绿道与西湖——西湖绿道建设的重要性、必要性和可行性

1.1　诱因——西湖景区保护管理问题的思考

1.1.1　公共出行、绿色出行——交通压力与遗产保护矛盾中的一种解决方案

西湖景区与杭州主城区紧密相临，成为主城各区之间的连接区域。西湖景区的道路除了要承担繁重的游客运输任务外，还要担负起城区过境交通的运输职能。西湖景区面临过境交通和景区旅游两大交通压力，在旅游高峰期尤为突出，这使西湖的旅游质量大打折扣，同时交通污染也日益加重，交通与遗产资源保护的矛盾也日益加剧。在这种背景下，景区去机动化，全面推行绿色出行和公共出行就是后申遗时代西湖交通发展与管理的必然趋势（图1）。

1.1.2　慢游静赏、多样体验——旅游压力与遗产保护矛盾中的一种化解可能

作为中国最负盛名的旅游胜地之一，西湖文化景观在国内外的影响力还在持续扩大，每年接待游客2000万人次以上。但同时，遗产地的旅游压力也相应增大，特别是西湖为开放式景区，三潭印月、灵隐寺、雷峰塔遗址等部分景点的游客量分布存在“集中地点、集中季节、集中时段”的特征。因此须探讨对西湖文化景观遗产区旅游情况的合理调控，缓解旅游因素给遗产区资源和环境保护带来的压力（图2）。

另一方面，人们对旅游产品、旅游环境的品质要求也在日益提高。休闲体验型、灵活自主型的旅游方式也在被更多人选择。西湖自有的空间尺度、湖山风光和文化景观也更适宜这种慢游静赏的体验方式。同时，休闲健身也成为人们利用景区良好自然环境的一种重要方式。为此，景区管理应提前谋划，引导、对接新时代的到来（图3）。

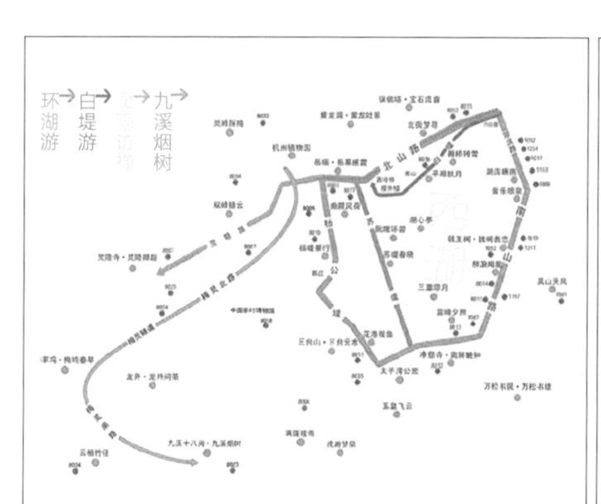

2012年杭州市公共自行车交通服务发展有限公司推出的《公共自行车骑游线路指南》

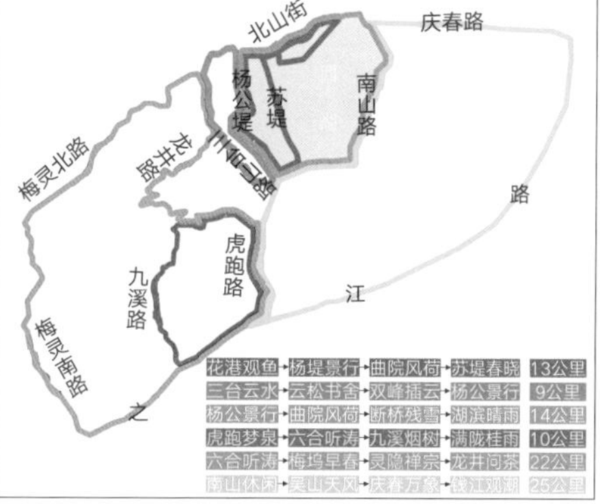

网友及相关骑行俱乐部推荐的西湖骑行线路（图片来源：网络）

图3　现有的步行及骑行线路

1.2 机遇——旅游景区相关政策的出台

1.2.1 低碳交通环保行动

2015年1月1日起，西湖风景区（文化景观遗产地）将全面实施低碳交通环保行动，除双休日及法定节假日实行单双号限行外，将推行公交、公共自行车、水上交通、电瓶车、步行“五位一体”的低碳交通方式，通过升级环西湖公交车车型，优化环湖公交班次、线路和站点，开辟水上交通线路，增加环湖道路公共自行车布点等，打造低碳环保示范区。绿道作为慢行交通的重要载体，其建设势必提高景区慢行交通系统的使用比例，进一步巩固明确景区的绿色出行，创造良好的出行环境。

1.2.2 景区游客数量控制

国家旅游局下发的《景区最大承载量核定导则》，要求各大景区核算出游客最大承载量，并制定相关游客流量控制预案，于2015年4月1日起开始实施。绿道作为新型旅游休闲载体，其建设对于分流西湖风景区核心景区的高人流量以及合理组织人流均有一定的作用。

1.3 研究目的

生态环保的要求——提升风景区和遗产地生态系统品质。既是建设低碳城市、低碳景区的要求，更是加强世界文化景观遗产区保护的要求。

有序交通的要求——提高景区慢行交通系统的使用比例。在现有道路交通状况基础上，积极探索构筑绿色有序交通。

慢赏体验的要求——带动与引导新的生活以及旅游方式。西湖风景区的山水尺度和人文内涵更支持慢游、静赏的深度体验。

1.4 项目特征

行游一体型绿道——对比一般的绿道建设，此为风景区绿道，是绿色出行同风景游赏的高度统一体。

改善提升型规划——西湖风景区道路资源区域饱和，慢行交通已有一定基础，其绿道规划当属对原有基础的改善提升，而非完全新建、重建。

体验反馈型设计——绿道游赏已有一定基础，对前期游人体验的了解并给予针对性的提升是落实“以人为本”的有效路径。

2 西湖绿道规划建设的重点与难点

2.1 规划建设重点

2.1.1 重点1：管理绿道建设目标

准确定位、平衡西湖风景区绿道的建设目标很重要。简单而言，相对于特别强调“独立、连续”的绿道体系建设，“有序、友好”应更值得西湖风景区绿道建设所追求。

2.1.2 重点2：识别绿道建设重点

因整个西湖景区具有良好的绿色本底，相较于绿廊建设而言，慢行系统的建立更为重要。

由于西湖景区旅游服务设施的成熟，相较于驿站的其他功能，换乘点的系统化构建更为重要。

由于绿道旅游的“自助化”和“自组织化”特点，相较于特色线路的提出，具有完备设施、可提供多种接入方式的绿道主线的梳理更为重要。

2.2 规划难点

在世界遗产监管严密、道路空间拓展余地有限、人流车流饱和且时空分布不均的情况下，有序、友好的慢行旅游交通系统的建立将是难点。

其根本问题在于：绿道建设的目标管理和重点把握。

其关键问题在于：慢行旅游交通的再组织和现有路权的再分配。

3 西湖绿道规划设计方法——“四统六分”策略

3.1 总体策略

3.1.1 对外部环境要求

分离过境交通，控制游人总量，提高公共出行和慢行出行比例，进行需求管理。

3.1.2 系统根本策略

（1）因地制宜、最小干预——确立目标和建立系统全程均应遵守的基本原则。

（2）统分合度、开放系统——向组织要资源、问时间要空间。

3.2 具体策略

具体线路规划中，强调——

（1）四统：城景一体的格局，五位一体的建设，时空一体的管理，行游一体的使用。

（2）六分：

湖区、山区分区对待——根据景点分布及地形条件区别对待。

主线、支线分层控制——主线串联的景点与集中的设施较多，同时也应串联、组织多条支线。

步行、骑行分类指导——滨湖慢行、环山骑行、登山步行、水上舟行等分类指导。

骑行友好分级管理——对骑行进行友好度分级把握：禁止、限制、支持、鼓励。

利用新建分度改造[①]——维持原状+增

①『分度改造』整体上是指『根据现状条件和规划目标而有的不同强度的利用和改造』。

加标识、改变面层、拓宽道路、新建道路分度对待。

分时错峰有序使用——通过智慧化手段，向组织要资源、问时间要空间。

4 西湖风景区绿道特征把握与布局结构

4.1 特征把握

基于西湖风景区现状特征及存在问题，本次规划认为西湖风景区绿道的概念可明确如下：

以景区自然生态系统为基础，以景区自然、人文景点和旅游服务设施为主要串联节点，以公交（自行车）网络为支撑，沿湖滨、溪河、山脊、山谷及现有景区道路建立的，以游憩健身为主导功能，强调“设施完备、接入友好、行游一体”的风景绿道。

其根本属性为“风景绿道”：行游一体的风景绿道，强调风景体验。区别于一般城市绿道的风景区绿道。

其表现形式为“开放绿道”：路道建立在紧密城湖关系之上，立足于建设完备的旅游服务设施、比较成熟的公共交通设施，强调五位一体、接入友好、设施共享的“开放绿道”。区别于一般的、缺少依托的偏远风景区绿道。

其管理特征为“智慧绿道”：时空复合的智慧绿道。

4.2 规划目标

呼应西湖风景区“低碳环保示范区”的建立，立足景区特有的景观格局，满足世界遗产监管要求，以自然水系、山脊山谷、景观道路为主要依托，以公交（自行车）网络为支撑，通过“资源整合、分度改造、智慧重塑”，构建一个结构合理、衔接有序、连通便捷、配套完善，集骑行、步行、舟行和观光车行等多种慢游方式，融环保、运动、休闲等功能于一体的风景绿道网络系统。从而带动健康旅游方式，提升世界遗产地的服务水平和品质内涵，打造西湖新的形象名片。

近期目标：搭建绿道框架、建设基础设施。

远期目标：依托城市整体交通系统的完善以及低碳化程度和智能化水平的提高，进一步提升绿道网络系统的接入水平与服务规模和等级。

4.3 功能定位

游憩健身功能：以市民日常休闲健身及游客游憩体验为导向，兼顾专业骑行及通勤交通的多元复合型风景绿道。

低碳出行功能：分流机动车交通，建成低碳环保示范景区。

旅游组织功能：贯通景区现游览度冷热不均的景点的要求。

4.4 主线选线思路

契合景区格局：根据西湖风景区的整体空间结构及主要景点的分布，合理选择与布局绿道线路。

突出游赏特征：整合西湖风景区各类特色旅游资源，串联主要景点形成特色体验游线，提供新的游憩体验感受。

现有道路优先：充分利用现状的景区道路、滨湖游径、栈道、公园游径、登山道等道路线形。

高效组织线路：主线依托公共交通设施，充分考虑使用者的友好进入，同时便于展开多种线路的自组织。

4.5 规划布局

双环四纵（湖山双环、谷脊四纵）、两组七道（两组系统、七条绿道）。

4.5.1 两组系统（图4）

主系统绿道（约80.8千米）：建构西湖风景区绿道系统的主体框架，起到连接、贯通其周边绿道的作用。依托西湖风景区主要道路而设，是联系各景区的交通纽带，同时衔接杭州城区绿道系统。除两条山脊线外，全程支持骑行。

子系统绿道（约85.4千米）：依托各景区内部主要游路而设，是串联主要景点的特色游线，作为绿道主线的补充和备

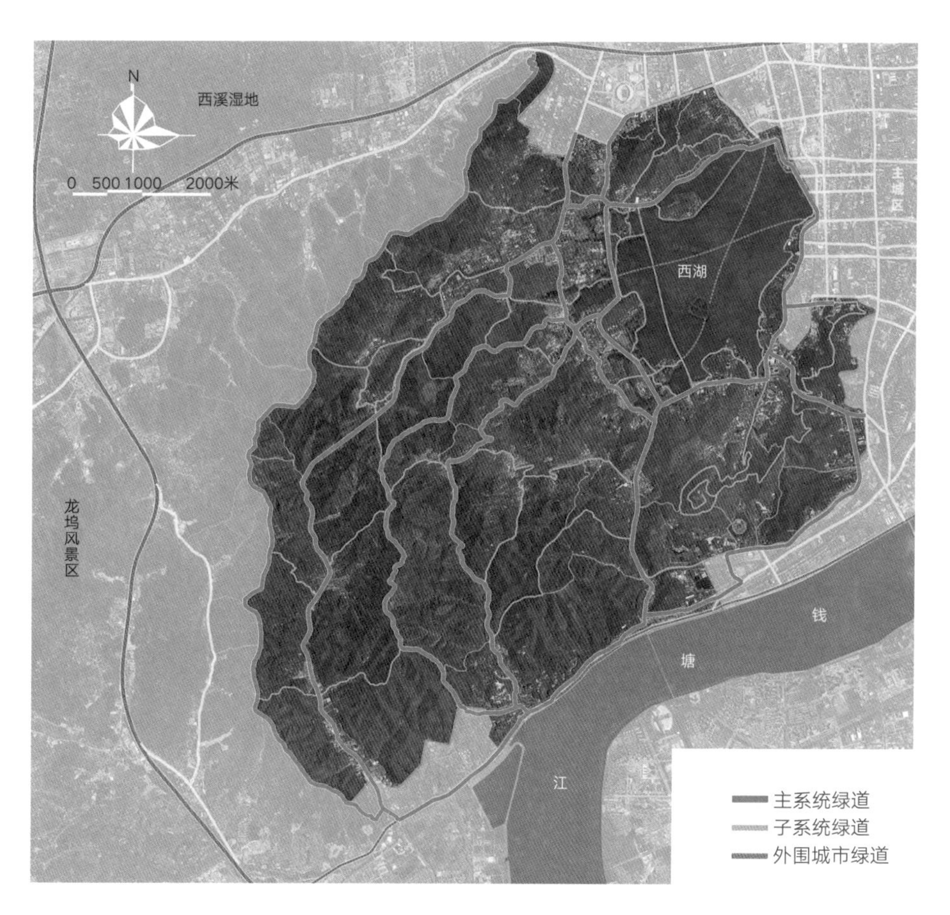

图4 西湖绿道规划的主、子系统

图5　西湖绿道规划中的七条绿道

选。形式可灵活多样，主要为步行者服务，部分有条件段落也可骑行、舟行或乘坐观光车游览。

4.5.2　七条绿道（图5）

西湖绿道1号线：环湖绿道。

西湖绿道2号线：十里龙脊——山林休闲健身绿道。

西湖绿道3号线：十里琅珰——古道风情健身绿道。

西湖绿道4号线：依托灵隐路、梅灵路的访禅品茗绿道。

西湖绿道5号线：依托玉古路、龙井路、九溪的问茶溯溪绿道。

西湖绿道6号线：依托三台山路、虎跑路、之江路的品泉闻香亲子绿道。

西湖绿道7号线：依托复兴路、虎玉路、凤凰山路、河坊街的吴越及宋文化探索绿道。

4.6　组织模式（图6）

空间上——构建框架，组织线路。

时间上——复合功能，分时使用。

空间——构建框架，组织线路

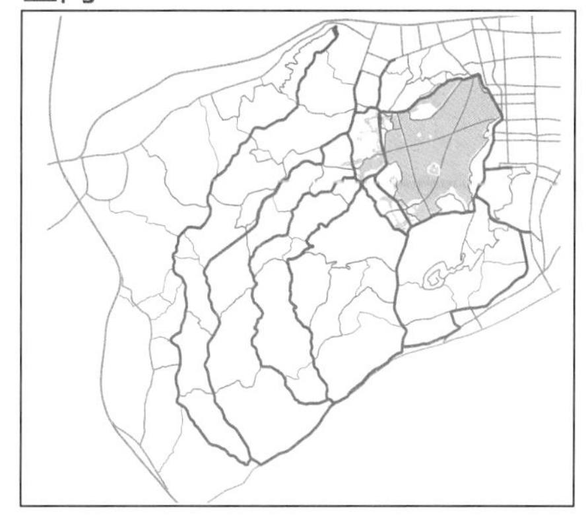

搭建基本绿道网络

特色线路的自由组织

时间——复合功能，分时使用

机动车分时管理

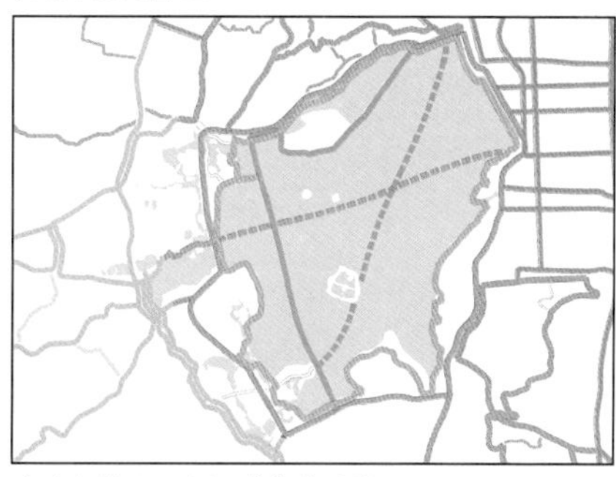

水上绿道和环湖绿道的分时使用

图6　西湖绿道规划的组织模式

5　建设指引与特色游线组织

5.1　建设指引

以西湖绿道1号线（环湖绿道）为例（表1，图7、图8）。

西湖绿道1号线（环湖绿道）建设指引　　表1

绿道编号	西湖绿道1号线
绿道特色定位	滨湖观光怡情休闲
慢行道长度	主线绿道11.6千米，支线绿道28.9千米（含水上绿道6千米），共计40.5千米
起止点	环西湖
线路走向	主线绿道沿南山路—湖滨路—北山路—杨公堤—南山路构成大环；支线绿道设置比较自由，主要包括了环湖滨水步行道、苏堤、白堤、孤山路、宝石山登山道以及六公园到花港与一公园到茅家埠的水上线路
沿途节点	曲院风荷、杭州花圃、杨堤景行、花港观鱼、三台云水、太子湾公园、南屏晚钟、雷峰夕照、柳浪闻莺、钱祠表忠、湖滨晴雨、少年宫、宝石流霞、黄龙吐翠、岳墓栖霞

续表

服务点（驿站）	设置数量	1个一级服务点（驿站）——岳湖口服务点；5个二级服务点（驿站）——少年宫、净寺、柳浪、花港及黄龙洞服务点；9个三级服务点（驿站）——孤山、湖滨、紫云洞、三潭印月、双峰村、太子湾、葛岭、白沙泉、桃园新村服务点，其中葛岭、白沙泉、桃园新村服务点为新建
	商业、管理服务设施	结合服务点（驿站）设置，并尽量利用现有景区的商业设施
	休憩设施	结合服务点（驿站）设置，沿途尽量利用绿道经过的公园或景点现有的休憩设施
	移动网络设施	免费WiFi全线覆盖，一级、二级服务点（驿站）应均设置手机快充设施
	环境卫生设施	公共厕所：尽量利用绿道沿途经过的公园或景点现有公厕；一级、二级服务点（驿站）均应设有公共厕所；在人流量大及重要景观带的绿道与登山绿道地段，可根据需要设置流动型环保公厕，间距不宜大于1000米，以2~3个蹲位为宜。 给水、污水设施：结合服务点（驿站）设置，就近连接城市给水管网与污水管网设施，将污水就近排入城市污水管网。 垃圾箱：尽量利用现有垃圾箱；绿道沿线每隔300~500米设置一处；在人流量大及重要景观带的绿道地段可适当增设垃圾箱，设置间距不宜大于100米。登山绿道沿线鼓励将垃圾带下山
	安全保障设施	医疗急救点：根据服务点（驿站）等级，结合周边现有医院、医疗急救站等医疗服务设施设置，急救点应提供医疗救护药箱，医药用品销售等服务
慢行道建设		（详图）
交通方式		主线绿道以骑行为主，支线绿道根据实际情况分别选用步行（含登山）、骑行、舟行及观光车行
可骑行路段		主线绿道——南山路与湖滨路（支持骑行），北山路与杨公堤（鼓励骑行），支线绿道——白堤、苏堤与孤山路（限制骑行）
标识系统		主要绿道入口、交叉口、停车场和公众聚集的地方设置信息标识；在绿道邻近的公交站点、入口、主要交叉口处设置指向标识，另在必要路段设置规章标识、警示标识、活动标识、安全标识、教育标识
服务对象		本地市民与游客为主
与景区布局衔接		途经环湖景区与北山景区
交通衔接及换乘系统		公共自行车租赁点（详图） 公交站点及码头（详图） 停车场及换乘中心（详图）
与相关规划衔接		《杭州市城市绿道系统规划》《杭州西湖风景名胜区总体规划》《杭州西湖风景名胜区环湖景区控规》《杭州西湖风景名胜区北山景区控规》

5.2 特色游线组织

5.2.1 11条常规线路

服务于一般杭州市民与游客，包括：环湖骑行观光线、龙脊生态健身线、琅珰古道风情线、绕山骑行采风线、问茶溯溪寻幽线、吴越宋风探索线、品泉闻香游乐线、上香访禅问道线、茶乡民宿体验线、穿湖攀峦揽胜线、滨水怡情休闲线。

5.2.2 3条专业线路

服务于专业骑行与毅行人士，包括：西湖群山毅行线、西湖大环骑行线、龙井山地骑行线。

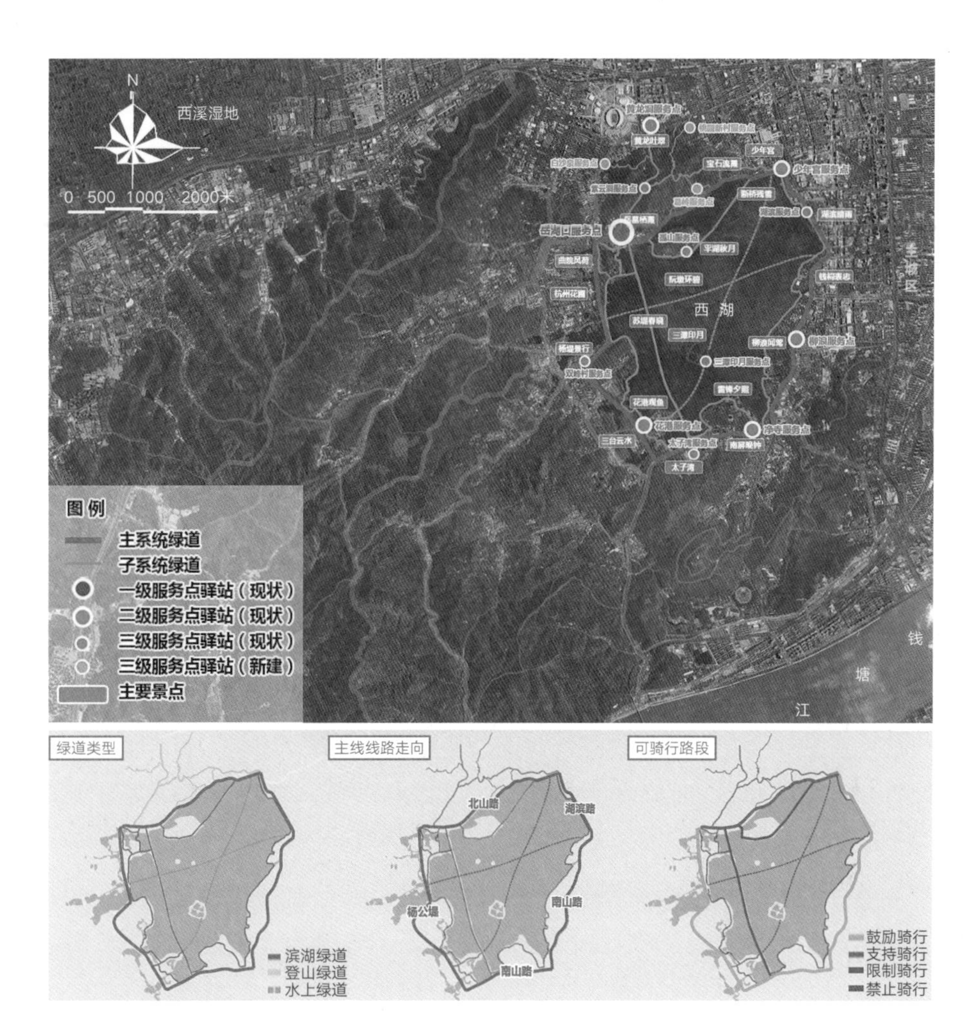

图7　西湖绿道1号线规划指引

图8　南山路35号处节点建设指引（行游一体的风景绿道）

（注：本文与叶麟珀合作）

附录

《杭州白塔公园设计说明书》之前言

“质感”历史，及其活化

——杭州白塔公园设计的特别课题

杭州闸口白塔地区沉积了大量的历史文化信息。杭州白塔公园在本质上应是一个以公园为主要功能和空间组织方式的历史地段有机更新项目。所以，对场地历史的感知及对它的表现就是设计需要解决的两大课题。而闸口白塔自身独特的历史文化意义和存在方式①，则需要这种解决方式必须足够特别而有针对性。

历史有两种感知方式。

一种是视觉的，形式感很强，放在哪里都耀眼，都会被关注，比如杭州的西湖。还有一种则是触觉的，你必须走近，甚至还需进入和触摸，才能有所体会，比如闸口白塔。

我们称后一种历史为“质感”历史。白塔地区的多处文化遗存，特别是运河、铁路、大桥、仓库等本就不是为了把玩而存在的——无所谓比例、尺度的形式美感，更多是各种材料在功能要求下的坦白组合。

事实上不止是白塔地区，所有跟民生、跟劳动更直接相关的都属于这种“质感”历史。问题是后期景观设计如何呼应这种存在？

一个合适的选择仍然是回到场地自身。放弃对形式的自我主张，而更加强调场地中原有器物和材料的自然表现。所以，仓库、机务段等建筑被更多地保留和积极地对待。龙门吊、集装箱、老门牌等都被设计注意并被组织到后期的场景中去。而更多表现原生材料——石材、钢材、混凝土材料——的独特质感的方式也被大量使用。在这个设计中，形式是第二位的。

在形式之外，“质感”历史需要更多强调场地“质感”。我们希望可以用这种方式能够更顺利地呼应并激活场地自身的独特气质。

除了对历史“质感”的揣摩之外，设计作的另一个工作是对场地历史的“活化”。

作为一个历史地段的有机更新项目，所谓“活化”是对这种有机更新的更具表现力的说法。

首先就是文化的活化。文化的静态表现会显得沉闷。这就需要通过一些必要的、富有创意的设计表现，来激活场地原有气质，并彰显时代气息。如白塔陈列室的下沉设置既满足了相关规范的要求，也为历史文化的展示赢得空间，自身的下沉设置也自然呼应了某种历史情绪的表达。而直接利用原机务段建筑改造为铁路博物馆则是对原有文化信息最大程度的激活和展示。

其次就是具体保留建筑功能的活化。通过主题休闲、创意园区、文化陈列等功能的置入，最终丰富游赏行为、活化土地价值②。

当然，有关"'质感'历史及其活化"的思考不会仅限于上述内容，而且也不是白塔公园的全部内容。但是我们相信这是一把解答白塔公园设计的关键钥匙。我们将继续沿着上述思路深入，并一如既往地保持开放的姿态，继续欢迎来自各方的意见和建议，只为这片土地独特文化魅力的充分展示。

最后，还需特别说明和致谢的是，一个优秀的设计固然离不开设计团队与场地的相互激发，但也同样离不开业主和主管部门的合作和帮助。自参与项目及中标以来，由业主单位和相关部门召开了多次专家会议和专题工作会议，贡献了许多有益的、有针对性的建议。所以，本次提交的方案深化文本已经不是项目组单独思考的结果，它包含了许多关心此项目的人们的大量智慧。

① 闸口白塔有着独特的历史文化意义和存在方式，它和西湖构成了反差极大的两端。如果说西湖是杭州一道最明快的风景，并成就了别人眼中的杭州——风雅且浪漫，那么位于江（钱塘江）、河（古运河）交汇处的闸口白塔地区则构建了杭州最厚重的底色，并因其在杭州物流演替史中的坐标原点地位，直接牵引着杭州的存在和发展——自身则壮阔而刚劲。

② 香港的"活化历史建筑伙伴计划"自2008年启动，旨在通过与非营利机构的合作，保护并活化再用历史建筑，争取实现公益企业和文物保护双赢。

《鄞州中央公园设计说明书》之前言

直抵“和谐”
——当代大型城市公园的新任务

和一般的公园不同，鄞州中央公园方案在设计之初就自觉承担起了促进“和谐”的任务——不是为了时髦，而是必须。

在中国的历史上，没有哪个时期比快速城市化的今天更迫切地感受到对和谐人际关系与和谐人地关系的期待。对鄞州而言，这种感受或许更加真切而现实。事实上，由于鄞州自身经济社会发展水平较高，使它比较起全国其他城市，对这些问题会更敏感，相关探索工作也处于前列。于是，我们就可以在其强劲的经济活力里，看到它一面领跑浙江（2008年鄞州经济居浙江省内第一），而另一方面其万元GDP能耗还不到省平均水平的一半；以及从2004年开始，特别是在2007年之后有关“新鄞州人”融入当地社会的系列举措和活动也强力涌现（外来人口已占鄞州人口的50%以上）。坚持科学发展、共建和谐社会，在鄞州已不仅是一种思想共识，而更是一种已经身体力行的社会实践。

而鄞州中央公园同时作为大型绿色空间和户外公共空间，天然地必须回应上述城市发展思路。于是，除了一般的大型公园自身所具有的复杂性在专业上的挑战之外，我们在这里着力探讨了在新的时代要求和技术条件下，大尺度的城市中央公园对城市及城市生活的多种贡献。我们也试图作出了自己的回答——即在维持公园作为绿色交往空间这一主体性格之上，综合发挥其区位优势和规模优势，充分考虑城市与公园的相互渗透与融合，围绕“富有湿地特征的城市中央公园”这一总体定位，特别强调了“全民覆盖”的共享公园——激发和谐的人际关系、“活化生态系统”——创造和谐的人地关系、“经济自维持”——公园切实的经营管理策略，这三个概念的深入表达，并最终将公园建设成为：

——一处生意盎然的蓝绿生态境域。

——一条充满活力的公共生活走廊。

——一处特色鲜明的都市景观区域。

当然，除了因现实需要而有的理念创新之外，鄞州中央公园还有自己的独特课题需要解决，特别是水陆关系组织、交通系统组织及园园关系构建这3个方面的内容。如果说公园对“和谐”理念的追求表现出的是“善”对“美”的驾驭的话，那么对上述具体问题的解决就是“真”对“美”的支持。本次设计也正是围绕上述思路，针对前述问题展开的。

需要说明的是，一个优秀的设计固然离不开设计团队与土地的互相激发，但也同样离不开来自业主和地方职能部门的合作和帮助。自2009年8月确定中标后，在业主单位——鄞州区城市投资发展有限公司的组织下，项目组就方案修改和深化的具体问题同鄞州规划分局、鄞州区水利局等单位举行了多种形式的交流和探讨。在肯定了方案对公园的总体定位和大的布局基础上，他们贡献了许多有益的、有针对性的意见和建议，使得项目成果包含了许多深爱这片土地的人们的大量智慧。

最后，还需说明的是，由于大型城市中央公园系统的复杂，这一轮的方案修改虽然在整体方面和关键内容上作了尽可能的深入，但仍然不能算是面面俱到，甚至还有失当之处。因此，我们仍将一如既往地保持开放的姿态，继续欢迎来自各界的意见和建议——只因为这片土地的珍贵和她未来的持久美丽、更加美丽。

吞吐“时运”，呼啸传奇

杭州经济地理版图多维时空的坐标原点——闸口白塔地区的独特文化意义

谈白塔地区的演变，包括白塔的兴建，离不开钱塘江与杭州的关系，更离不开本地物流组织（古代是江运、河运，近代则增加了铁路运输）与杭城经济发展的关系。应该说正是白塔地区在江、城之间特别的区位地理条件，再结合不同时代的人力作为（古代是运河、近代是铁路），决定了白塔地区千年以来的兴衰演替。这种作为，无关“风月”而全关“事功”。事实上，本地得名更早、意义更大的地名不是白塔，而是闸口。而所谓“闸”，指的正是在沟通杭城内河、钱江的龙山河上主管江河交汇的一组水闸——调节着江河之水的进出，也掌控着船只往来。

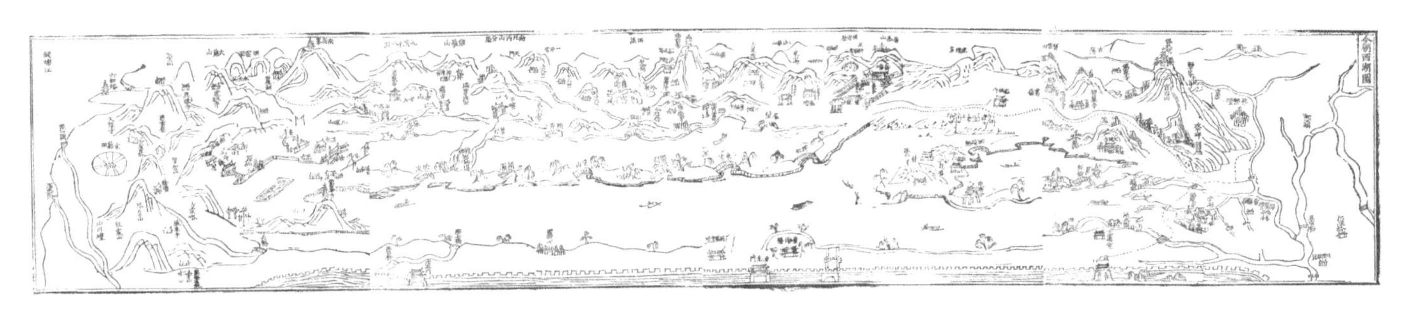

图1　明代《今早西湖图》（图中龙山闸、六和塔俱在，独缺白塔——也可说明白塔的标识作用在下降）
（图片来源：《杭州古旧地图集》）

1　龙山河、龙山闸与白塔的营造

以凤山水门为界，城内为中河（宋时称盐桥河），城外段就是龙山河。河道为唐朝中后期开凿。早期作为杭城的护城河以及引水河，成为古运河入江的途径则是吴越以后的事情[①]。在公元910年，钱王第三次筑杭城时，此河被重新开挖，并在入江段设龙山、浙江二闸。其中龙山闸在今闸口一带，浙江闸在今南星桥一带（图1、图2）。

有了龙山、浙江两闸，可以根据钱江潮位涨落的相对高差而做不同的启闭组合。涨潮至平潮时开启上游龙山闸出入船舶，落潮至停潮时开启下游浙江闸进出舟楫，使运河与钱江的通航更加便利[②]。当然，这种状态不是时刻能够维持。南宋时期即因河穿大内而废此段航运。至元时又重新疏浚启用。至明嘉靖前后又因“河高江低，改闸为坝”——从此船只往来即需“江头翻坝”，这也是拖塘工这一职业的由来。

白塔依附龙山河而建，位于河道近钱江一端的凤凰山余脊小峰上。为白色石质仿木构雕造的楼阁式实心塔，八面九层，通高16米。塔体挺拔优美，雕刻精美细腻，仿照木构建筑

① 曹晓波，《京杭运河南端口》。见：《玉皇山南话沧桑》，西泠印社出版社，2008年，第136页。

② 杭州市档案局（馆），《杭州历史文化图说》，人民出版社，2004年，第107页。

真实——以至于有人更愿意以“木构楼阁的化石”称之。

白塔保存至今，惯历风雨，成为吴越古都宝贵的文化遗存。于1988年被列为第三批全国重点文物保护单位。

白塔的营造目的，有纪念、祈福、镇江、航标等多种说法，或许本身就是带着综合目的。而某些功能亦会随岁月流逝而改变，如航标功能在六和塔建成后就不再突出（图3）。

关于白塔的建设年代，也存有多说。包括公元941年前后说（《杭州佛教史》）、公元960年说（《中国建筑史》）、公元1049年前说（《闸口白塔》）。其中，持公元960年一说者居多。本文也作如此判断。原因在于龙山河重新疏浚在910年之后，而白塔依附龙山河而建，当于此后修筑；同时也应在970年之前——那年在江边开始修筑了体量庞大、镇江及航标意义也更为凸显的六和塔。

2 钱塘江水运、龙山渡、龙山市（瓦）、潮位表与古代杭州

钱塘江与江南运河航运的发展，是古代杭州社会经济繁荣的最重要因素之一。左江右河，是杭州航运的基本格局，并促进杭州在唐以后成为江南重要的水运中心与对外交流中心之一。至吴越国时，钱江航运已是“舟辑辐辏，望之不见首尾”。明《西湖游览志·卷2·浙江胜迹》载：“杭之为郡，枕带四海，远引瓯、闽，近控吴越，商贾之辐辏，舟船之骈急，则浙江（钱塘江古名）为要津焉。”

而本段，则更是要津的要津。北宋苏东坡于杭州主政期间所著《乞相度开石门河状》中明确提到，钱塘江上游两岸“自衢（今属浙江）、睦（今建德市）、处（今丽水市）、婺（今金华市）、宣（今安徽宣城）、歙（今安徽歙县）、饶（今江西波阳）、信（今江西上饶、贵溪一带）及福建路八州往来者，皆出入杭州龙山（渡）。”到了南宋定都杭州时期，甚至有商人因此设摊出售“地经”于此，上面标有各地到首都

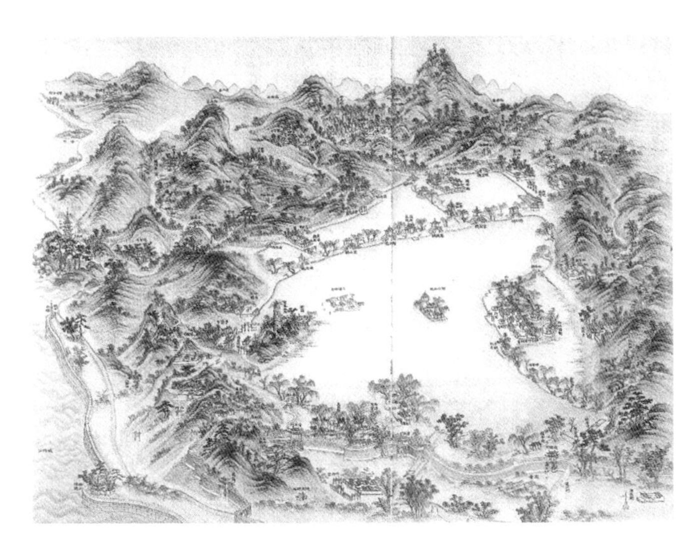

图2　清代《杭州西湖各景全图》（图中闸口一带关系明朗，与海塘的关系也很明确，不过闸口和白塔的关系应是标错了）
（图片来源：《杭州古旧地图集》）

图3　白塔立面图
（图片来源：高念华，《闸口白塔》，浙江摄影出版社，1996年）

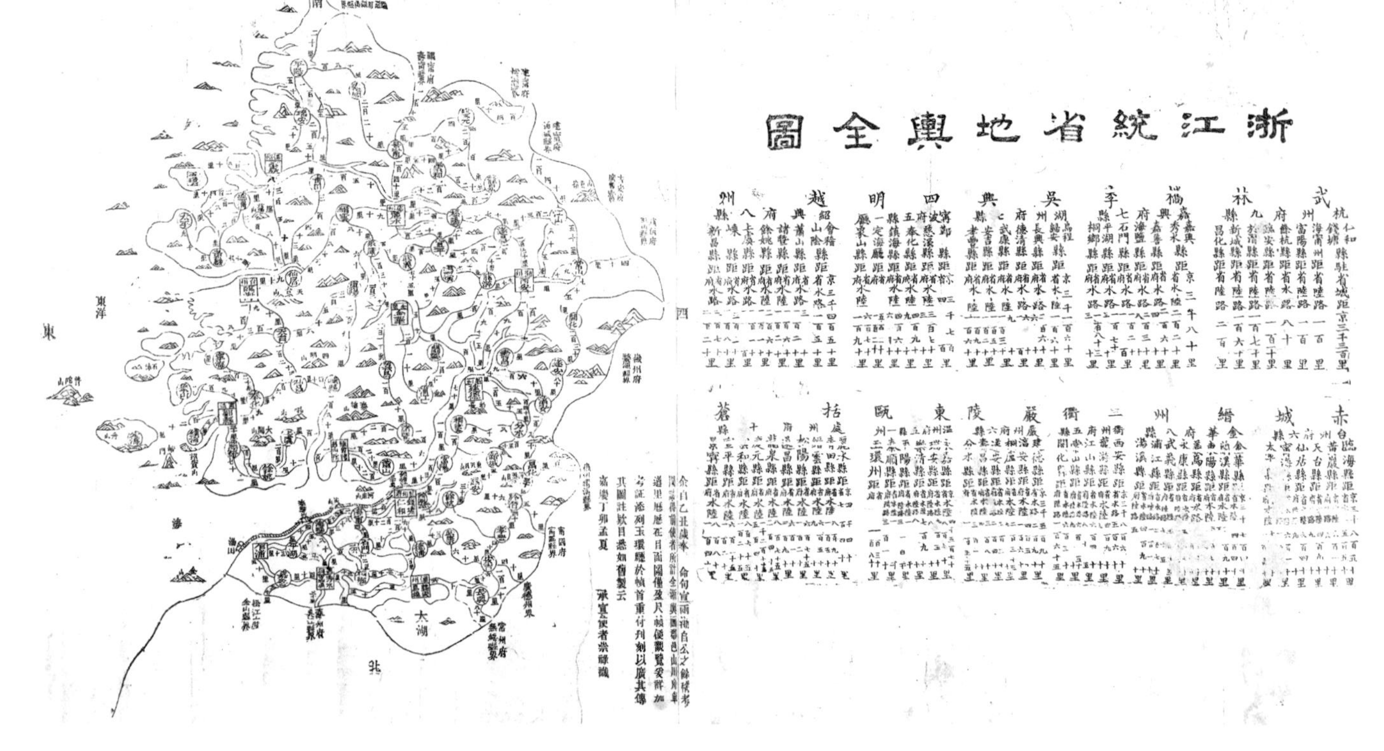

图4　浙江统省地舆全图（1807年）除了没有“长亭短驿”，这个清代的浙省全图应该类似于南宋《地经》，或者相当于今天的高速里程图
（图片来源：《杭州古旧地图集》，杭州档案馆，浙江古籍出版社，2006年，第218页）

临安的里程。由于只描绘了半壁河山，因此有人留下了一首《题壁》诗，表达自己的不满：“白塔桥边卖地经，长亭短驿甚分明。如何只说临安路，不数中原有几程”（图4）。

同时，由于水陆交通发达、物货畅通，本地也日渐繁荣。特别是在南宋定都后，龙山市已成当时郊区的著名镇市，自是“人烟生聚，市井坊陌，数口径行不尽，备可比外路（省）一小小州郡。”也成为郊区18个“瓦子”之一。

之后随着朝代更替，虽时有兴衰。但是本地津渡的功能一直继续。到了清后期，又是望不见首尾的帆樯、望不见尽头的江边沙滩上成排成堆的木材，开始新一轮的繁华（图5）。

由于钱塘江航运的繁忙，船只的往来必须掌握钱塘江潮水涨落的规律，才能保证航运的安全与畅通。北宋至和三年（公元1056年）八月，当时官方重新制定《潮涨潮落时间表》，公布在码头［这个潮水涨落时间表，是世界上最早的候潮表，比英国伦敦桥的潮水涨落表还早150多年。此表包含春秋季、夏季与冬季三表，资料十分珍贵，保存在南宋淳祐九年（公元1249年）编撰的《临安志・卷10・山川・江》中］①。

主要往来物资

杭州正扼钱塘江之咽喉，由其上游运来的物资以建材、燃料、水果为大宗。“严、婺、衙、徽等船，多尝通津买卖往来，如杭城柴炭、木植、柑桔、干湿果子等物，多产于此数

图5　钱塘江繁忙的运输业（摄于1918年前）

州耳”。当时徽州歙浦、休宁山民都以贩杉木为生。每年都有大批杉木运抵严州，再由严州江运临安销售。

南宋临安燃料消耗惊人。严州、婺州、富阳的柴炭成批运卒江边交易，其水路运输线是由婺江、兰溪江、富春江、钱塘江最后运至杭城。当时城南的柴木巷即为最大的柴木市场——所谓“薪南”“南门柴”。皇宫御炭也由此路供应，但有特殊规格。

水果江运至临安的也很多，如衢桔、越州樱桃、项里杨梅等。

酒类则有越州的蓬莱春、严州的萧洒泉、衢州的思政堂和龟峰、婺州的错认水、兰溪的谷溪春等（《武林旧事・卷六》记载）。

此外，还有婺州的米、牛和会稽的羊也时而通过水路贩运至杭。[②]

3　闸口站、汤寿潜与江墅铁路——浙江省的第一条铁路，中国的第一条商办铁路

1906年（光绪三十二年）11月14日，苏杭甬铁路浙路江墅线于闸口正式开工，次年8月23日竣工通车。铁路全长16.1公里，费银元168.6万元。设拱宸桥、艮山门、城站、南星桥、闸口5站（图6）。

图6　江墅铁路站点与杭州运河

图7　建设时期的闸口站

图8　江墅铁路在闸口白塔（时为1918年）

这是杭州，也是浙省修筑的第一条铁路（图7）。同样，它还是中国的第一条商办铁路——汤寿潜开创了近代民间集资兴建铁路的先河——当时，连工人、学生、店员、挑夫、僧道等均踊跃认购路股，未满5元的小股东数达16574户。浙江兴业银行的前身浙江铁路兴业银行，即是为保证铁路顺利自办而专门创立的[③]。

闸口站就此进入了百姓生活（图8），迎来送往了诸多人物，孙中山来杭即乘坐该线路，司徒华林（浙江大学校长、司徒雷登之弟）等一般之江大学的老师更是每天以此作为班车往返。即使在1953年结束客运功能之后，在20世纪60年代末70年代初，杭州近5万名知识青年“上山下乡”屯垦戍边，分赴内蒙古、黑龙江的知青专列，也是从南星桥站闸口货场出发。当时车上车下哭成一片的场面，还被那代人时时提起。

事实上，闸口、拱宸桥这两个站点并没有出现在最早的选线上。而站点及走线的最后确定，再一次表明了钱塘江和大运河的水运交通及彼此间的便捷联系对于杭州的重要性。

同时，有资料显示，选择闸口，还便于铁路线的进一步南延——这就是，20年之后的杭江铁路（浙赣铁路的前身）又一次从闸口起步。

① 林正秋，《杭州兴起与南宋定都》。见：《杭州研究》，2008年第2期，第29页。

② 陈建华，《南宋临安水运事业大发展述评》，黄岩教育信息网。

③ 罗坚梅、曹小可，《江墅铁路百年纪》。见：《杭州日报西湖副刊》，2007-08-19。

图9　汤寿潜

人物：汤寿潜（图9）

汤寿潜（1856—1917年），字蜇先（或“蛰仙”），浙江萧山人。清末民初实业家和政治活动家，晚清立宪派的领袖人物，以利国利民的宗旨为其思想出发点，以办铁路、兴实业的实践活动作为政治改革的物质基础，并因争路权、修铁路而名重当时。

光绪三十一年（1905年），发动旅沪浙江同乡抵制英美侵夺苏杭甬铁路修筑权，倡议集股自办全浙铁路。7月，在上海成立“浙江全省铁路公司”，任总理。此时清政府被迫允诺沪杭铁路由商民自筑，授汤寿潜为四品京卿，总理全浙铁路事宜。

1911年11月辛亥革命爆发，杭州新军起义，汤寿潜被推举为浙江军政府都督。1912年1月中华民国临时政府成立，孙中山任命汤寿潜为交通部长（未到任）。

晚年，汤寿潜回归故里。汤寿潜多年身居要职，但生活简朴，有“布衣都督”之称。

4　白塔岭13号建筑、杭江（浙赣）铁路与钱塘江大桥

杭江铁路为浙赣铁路前身。经历30多年的酝酿，在时任浙江省主席张静江的主持下，于1930年（民国19年）3月在闸口对岸的西兴江边举行开工典礼，经萧山、诸暨、义乌、金华、兰溪、龙游、衢县至江山。于1933年11月30日竣工，1934年1月全线正式通车。共投资1393万元。

杭江（浙赣）铁路是浙江经济现代化的产物是20世纪长江以南最重要的，也是民国时期唯一的一条东西向铁路交通大动脉，同时也是国民政府时期省营铁路的先导。在中国铁路建设史上具有特别地位，其建设进一步加强了杭州作为近现代中心城市的地位，也促进了浙江各项事业的发展。

杭江铁路最后放弃开始设想的江北线（即始于闸口，经富阳、桐庐、建德、兰溪、龙游、衢县至江山）而确定江南线，其间的重要因素，除了建设资金局限之外，还在于江南线跳脱了前者对浙赣古驿道线路的沿袭，避免了与钱江水运的正面竞争，同时还主动承担了铁路由“繁盛之区”通向“疏散之地”的建设理念——独自开辟了一条沿着浙江中部腹地的中心线向西延展，纵深突进，笔直抵达浙赣闽三省边界的新发展路径，其直接和间接辐射的腹地更为宽广，建成后的杭江铁路与沪杭甬铁路一起构成一条人字形线路，开始取代大运河与钱塘江水上交通主干线的地位。

闸口站因此有些失落——由于处在江北，在初期建成的杭江铁路全线36站中，闸口、三廊庙两站为便利渡江客、货而设，仅以营业为限。闸口渡、南星桥渡口确是更加繁荣——南星桥大码头同时被称作“浙江第一大码头”。

钱塘江大桥的修筑也因此更显急迫。终于在1934 年11 月11日正式动工（图10），并在1937年9月26日通车。钱塘江大桥是中国人自行设计、监造的第一个公路铁路桥。大桥的建设和后期的命运同钱塘江潮一般波澜壮阔——12年间，4次被炸、4次复建，直接连接了杭州的抗战史和解放史——他的自强不屈精神也同步体现着中国人民的奋斗历程（图11）。

建桥期间，白塔岭下就成了主要施工与存放造桥物资的地方。从江墅铁路运来的造桥设备、钢材、水泥都是在此地卸载、存储（图12）。如今，在白塔岭上的桥工处已被拆毁，只留下一幢两层楼的建桥职工宿舍——即白塔岭1～13号建筑，述说着钱江大桥的风雨沧桑（图13a）。

宿舍远望并不起眼，白墙黑瓦，只是普通的2层杭州民居。走进再仔细一看，却居然是钢构的骨架。访问故老，果然是用当时的建材一并施工的。宿舍建筑内部至今仍保留着建桥用的钢架结构，用朴素而实用的方式记录下了建桥的历史（图13b、c）。

图12　钱塘江大桥施工时白塔岭下的堆场

图10　钱塘江大桥开工、施工时的场景
（图片来源：网络）

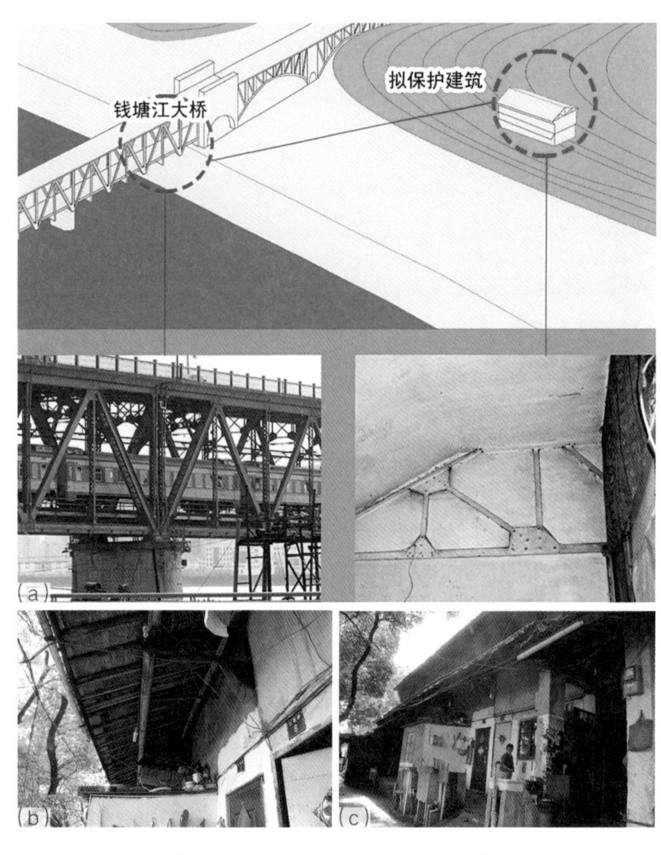

图13　宿舍远望并不起眼，白墙黑瓦，只是普通的2层杭州民居。走进再仔细一看——却居然是钢构的骨架。访问故老，果然是用当时的建材一并施工的——内部至今仍保留着建桥用的钢架结构，朴素而实用的方式记录下了建桥的历史

（a）首次炸桥后的场景；（b）当年百万军民通过大桥撤离的情景；（c）（d）2007年维护大桥桥墩时，在15号桥墩下发现的当年被炸毁坠落江底的钢架

图11　直接连接了杭州的抗战史和解放史的钱塘江大桥
（图片来源：网络）

图14　张静江

图15　茅以升

人物：张静江（图14）

张静江（1876—1950年），浙江湖州南浔镇人。国民党“四大元老”之一。清末时他旅法从商，家境富裕，自反清斗争、讨袁护法直至建立中华民国，始终仗义疏财，尽义务不争利益。曾担任浙江省政府主席、国民政府建设委员会委员长等职。

国民政府成立初期，1927年3月和1928年10月，张静江两次主政浙江。他以发展浙江经济为出发点，在近三年的任期内，对浙江进行了一系列经济建设，杭江铁路的兴建即为成绩较为显著者。张静江是民国时期对浙江建设事业作出显著贡献的人物之一。杭江铁路起点站钱塘江站曾命名为“静江站”。

人物：茅以升（图15）

茅以升（1896—1989年），土木工程学家、桥梁专家、工程教育家。20世纪30年代，他主持设计并组织修建了钱塘江公路铁路两用大桥，成为中国铁路桥梁史上的一个里程碑，在我国桥梁建设上作出了突出贡献。

钱塘江乃著名的险恶之江，素有“钱塘江无底”之说，民间有“钱塘江上架桥——办不到”的谚语。1933年至1937年，茅以升任钱塘江大桥工程处处长，期间采用“射水法”“沉箱法”“浮远法”等，解决了建桥中的一个个技术难题。

大桥建设期间，时值抗日战争爆发，在敌机轰炸下昼夜赶工，铁路公路相继通车。支援淞沪抗战、抢运撤退物资车辆无算，候渡百姓，安全过江，数以数十万计。当施工后期，知战局不利，因在最难修复之桥墩上预留空孔，连同五孔钢梁埋放炸药，直至杭州不守，敌骑将临，始断然引爆，时1937年12月23日。当时先生留下“‘不复原桥不丈夫’之誓言，自携图纸资料，辗转后方。”（建桥纪念碑碑文）为了阻断敌人，茅以升受命炸断了亲手建造的大桥。抗日战争胜利后，茅以升实践誓言，又主持修复了大桥。建桥、炸桥、复桥，茅以升先生始终其事，克尽厥责。

茅以升先生总结自己的一生，即“人生征途，崎岖多于平坦，忽深谷，忽洪涛，幸赖桥梁以渡。桥何名欤？曰奋斗”。

徒地风云突变色

挥泪炸桥断通途

五行缺火真来火

不复原桥不丈夫

这是茅以升在大桥通车2个月，为阻挡日军而首次炸桥前日的悲愤留句。

5 杭州机务段、樱桃山3栋铁路宿舍、浙东木业公所和白塔岭社区

和白塔岭1～13号建筑一样，由于铁路的进入，整个白塔地区在骨子里都深深地打上了“钢铁”的烙印——超过30%的用地是各类铁路建设用地，如果去除山体、水体，这个比例将在50%以上。

而且用地种类丰富，包括货场、机务段、铁路职工宿舍（走进甘水巷，大片行列式的建筑正是当年的宿舍）、铁路医院等等（图16）。当地居民的生活甚至职业都多少会和铁路发生关系——直到20世纪80年代，附近的居民都可以免费搭乘闸口站铁路工人的班车。

比铁路影响更深刻的，还有立足于基地经济地理地位之上的运输物流与经济生活的关系。所以，从晚清开始，白塔地区就存在着大量的会馆建筑。与杭城城内不同的是，白塔地区会馆的特点就是为物流服务，事由往来皆是运输——包括闸口的浙东木业公所、桃花山的新安会馆、美正桥的江西会馆……（图17）。当然，到了今天，已留存无多，但这些文化记忆挥之不去。

图16 融入“钢铁”烙印的铁路职工宿舍区

图17 会馆界碑

图18 闸口白塔——杭州物流经济地理的坐标原点

▌6　杭州经济地理版图多维时空的坐标原点
——闸口白塔地区的独特文化意义

现在我们发现，在白塔地区千百年来的经营历史里上演了一幕幕的兴衰更替——而它仍屡立潮头（包括1900年以后铁路的引入使得本地成为近代文明之光的首耀之地），时有复兴（本地路名复兴街也有70年的历史了）。如今，当他们以不同的时态一同呈现时，我们可以看到历史的堆叠和挤压，可以感受命运的多变与倔强。

而就在堆叠和挤压、多变与倔强中，始终有一条连续的脉络生在自然中、扎在历史里。这就是由白塔地区特别的江、城之间的区位地理条件所决定的，在杭州经济地理版图中，特别是在物流经济地理的多维时空坐标系里的原点地位——如同南宋《地经》里的白塔地区的地位（图18）。所以我们可以理解，古代时期的大运河的南部端点和钱江流域的东部端点的结合在这里，近代时期的江墅铁路与钱江码头的结合在这里，之后江墅铁路与杭江铁路的衔接也在这里。而这，就已经成就了本地区别于杭城其他文化地域的、最具价值也最具个性的文化意义。

今天，如同命运传奇的钱塘江大桥，作为一处跨度久远、脉络连续、意义非凡且独特的物质文化遗产的累积之地和再兴之所，白塔及其周边地区将共同成为一处杭州独特的文化地标（national historic landmark），并已然引发了新时代的创意复兴（图19）。

（注：本文为《杭州白塔公园文化》历史文化专题研究内容）

图19　调查现场发现的刻写在当地的涂鸦

江苏东台西溪地区文化小传

认识西溪的几个维度

——海陆变迁基础上的“咸、淡”“文、野”“凡、圣”及其他

沧海桑田的海陆变迁是决定西溪形成、发展及演变的最根本的自然力量。而人们在这片土地之上所付出的劳作及寄托的情感则是另一支重要力量。他们彼此交织，共同成就了西溪的“咸、淡”“文、野”“凡、圣”以及许许多多。

1 作为避潮墩的泰山寺与生产农具的梨木街——西溪的“咸”与“淡”（有关经济地理）

西溪曾经很“咸”：“煮海千秋事”，因近海之利，东台谱就了一部不断追逐大海、汲取盐分的历史，而西溪则是它的起点。这片东台最早被咸卤浸泡且成陆的土地，成为东台之“根”，成为东台盐业兴旺的第一棒。西汉时，作为海陵属地的西溪，即已开始煮海为盐。其时，西溪以东即为滔滔大海，得天独厚的地理优势，使西溪逐步形成规模化的盐业生产和集散地。西溪由场而镇仅历50年，始设于汉高祖十二年（公元前195年，西溪盐亭），兴于西汉武帝元狩六年（公元前117年，建西溪镇）。

之后，于东晋安帝义熙七年（公元411年）成为宁海县衙驻地，唐武德九年（公元626年）成为海陵盐监署驻地。管理着这片卤化土地的盐业生产。

及至南唐升元六年（公元937年），“东台场”从西溪手里接过接力棒，成为海陵盐监的新驻地，监管南北盐场。东台之名从此见于史书。当然，西溪也并没有就此完全隐去，宋时仍于此设置了西溪盐仓，明时设西溪巡检司，不过这已是当

图1 制盐场景示意图
（图片来源：盐城海盐博物馆官网）

图2　淹没在草丛中的“三里路”

图3　建于避潮墩上的泰山寺

时最基层的行政组织了。

这之后，大海一路东去，盐场也逐渐伴随东进，东台境域内的淮南中十场日益繁荣，出现了“烟火三百里，灶煎满天星”的壮景。鼎盛时期产量达到同期两淮盐产量的70%左右，成为全国产量最大的盐产地。所谓“两淮盐课甲天下”。这种情况一直持续到清道光年间。之后终因海岸线的继续东进、淮北晒盐的成本工效优势以及本地滩涂农业的发展，东台终于“淡化”，于清末明初开始了“废灶兴垦”，完全地弃盐就农了。

无疑，“淡”西溪又是早于“淡”东台出现的。不同的是，西溪的“淡化”完全是由于海陆变迁造成。如前所述，在西溪还是盐监的早期，从西汉到北宋，东台沿海的海岸线变化不大，均在西溪一带。串场河上此段因此有个古地名——海道口，现在的海道桥即得名于此。

三里路是连接海道口与西溪之间的重要道路（一说纤道），至今漫漫青砖，萋萋芳草，仍存古意（图2）。而其附近还有一处人工堆筑的避潮墩——最初，先民为设法消除潮患，于此垒土为墩，方广三亩，高四丈二尺（即14米），潮水未至，可登高观察潮情，湖水若来，可上墩避水，人们称之为“望潮墩”，又名“救命墩”。之后又建庙其上，供奉水神，最后演化成了今天的泰山寺（图3）。

西溪与海岸的关系在南宋建炎二年（公元1128年）黄河南侵后开始疏远。盐场东进、潮声远去的同时，西溪首先“淡”定了下来。事实上，到北宋末年境域的农业区已由唐代的射阳河、大纵湖湖滨地带已发展到范公堤西附近，至明代堤西即开始了一年一熟水稻和杂粮的种植业。

终于，农业成了西溪的主业。从元末明初起，西溪的梨木街就已得名——这源于当时此处已有少数人家经销加工犁木，而且声名鹊起。至晚清的时候，这条小街上40几户人家都从事犁木生意。前店后家，前铺后库，家家门庭若市，户户生意兴隆。犁木街上的犁木、农具，驰名苏北里下河水乡地区，甚至也有了属于自己的传说（图4、图5）。

西溪的“咸、淡”变化还使流传于此的七仙女传说打上了地方的烙印而更加丰满。一方面“桑拓林成万井烟”，所以精于蚕桑的“七仙女”可以出现在这里；另一方面“鱼盐地僻千年产”，确是由于七仙女从天宫偷得盐精融化于海水，才有西溪盐的“鲜咸”。

图4　西溪梨木街上的木匠师傅

图5　转角的一处老宅

图6　晏殊

图7　吕夷简

图8　范仲淹

2　文人盐官与西溪的“文化”——始于晏溪书院的西溪的“文、野”之别（有关人文与文人）

早期西溪的繁华兴旺，完全建基于盐业的生产和集散。不过，毕竟是由盐场衍化而成，来往西溪的无非商贾过客，灶民盐贩，况且地隅偏僻，影响仅局限周边。及至北宋，终因一人而至，情况始有改观。西溪不仅声名远播，其地域文化品味也得以提升。此人即晏殊（图6）。

晏殊少年入仕，一生历居显官要职，至宋仁宗时成为宰相，声名显赫。不过晏殊在西溪时，还只是个不入品的西溪盐仓监。所谓“无可奈何花落去，似曾相识燕归来”（《浣溪沙·春恨》），盐官似乎不会是他的心志所向。到底是个文人，在盐官任上，晏殊做了一件更像是文化官员做的事情——在西溪建立了书院。这在整个泰、扬都是首创之举。晏殊从西溪离任（在西溪的任职时间：公元1011—1013年），他从东海边走向了一条坦顺的仕途官道，直达宰相高位。

如此看来，所谓人生的低点，其实也可以是成功的起点。

故事没有结束，晏殊走了，还有了一次具有非同寻常意味的传接。其继任者竟然是以后居宰相之位达20年之久的吕夷简（在西溪的任职时间：公元1014—1020年，图7）。

故事还没有结束。之后，范仲淹（在西溪的任职时间：公元1021—1023年，图8）也从这里开始了他的早期仕途。在这个“位卑禄薄，事权甚少，非民社重寄”的盐官任上，范公仍满怀“有益天下之心”，愣是“越位”首倡修筑捍海堰。终历三人经四载而堤成。功成——“束内水不致伤盐，隔外潮不致伤稼”。后人曾赞范仲淹说：“公以一盐官寄迹西溪，西溪四境之民，即食公无穷之利。”并建“三贤祠”寄托对主事者的感激。

晏殊书院的设立是一件惠及后人的文化大事，有书院，便有琅琅书声；有书声，便有文化传扬；有文化，便有了润泽西溪的养分。到明代书院已有相当规模，不仅有充栋千编的典籍特藏，而且有傍水而列的书斋学舍。

3　人口移入地的“一街多寺”和“一庙五神”——百姓视角的“凡、圣”：“法海圆融”与“日用即道”（有关平民宗教与平民文化）

东台自古地广人稀，且有盐粮之利。故自汉以来就多有政府主导的人口移入。最早一批即是西汉吴王刘濞立国广陵之初，于西溪一带沿海招致亡命徒煮海烧盐，他们是东台近两千年烧盐历史的始祖，也是最早拓荒东台沿海滩涂的先民。

这之后较为集中且成规模的不下5次，几乎涉及每个朝代更迭，比较主要的包括两晋时期的兖州战争移民、明初的阊门政治移民、清末民初的废灶兴垦经济移民。除明清两代跟随

图9　海春轩塔

市场繁荣进入的商人之外，历代移民大多从事着艰苦的盐粮劳作。特别是对于格外艰辛的灶丁——穿衣吃饭都会成为每天需要解决的课题。

由于多为移民（董永和张七妹也是汉末山东战乱移民），宗教就成了通用语言，所以整个东台乃至江淮地区的宗教氛围也是浓厚的。历史上西溪一带就存在着多个庙观，包括东、西广福禅寺（已毁）以及三昧寺、泰山寺等（图9~图11）。

图10　清净庵

图11　城隍庙大门

由于多还艰苦，这种追求超越的语言，哪怕是宗教的语言也必须是日常的、平民的。所以我们既可以看到西溪的“一街多庙”中儒、释、道多教并存的状态，也可以看到泰山庙这一佛教寺庙中“一庙多神”这种一庙多祀的现象——包括神农、关公、岳王、太上老君、华佗、鲁班在内的神像均供奉于内——真禅法师对此题词“法海圆融”。

图12　王艮

自然，安丰长大、盐民出生的王艮（图12）在大声喊出“满街都是圣人”“庶人非下，侯王非高”“圣人与凡人一”后，最终强调“百姓日用即道”观点时，其底层百姓的立场也就呼之“已”出了（因多为灶丁，古有“安丰民最贱”之说）。劳苦大众的尊严和愿望在传统社会中首次得到理论上的呼应和张扬。事实上，泰州学派传人中更多的也确是下层群众，包括了农夫、樵夫、陶匠，当然也包括和王艮一样出身的盐丁。

“日用即道”“法海圆融”，平民文化和平民宗教就此诞生在每天的“穿衣吃饭”之中。

4　范公堤与串场河：里下河平原与滨海平原的交接面——塑造西溪（东台）重要的水利设施纵贯线和地理标志

为抵挡海潮漫涨，唐大历元年（公元766年），淮南节度判官黜陟使李承实利用东冈这一天然的高沙冈地，主持筑堤堰以捍海潮，自大丰而海安，延袤142千米，名为常丰堰，又名李堤——这是范公堤的前身。因筑堤取土而挖成的河流名为复堆河——这即是串场河的前身。从那时开始相伴的一河一堤，就已经成为江苏沿海地区一条重要的水利设施纵贯线，也成为苏北海岸线的人工地理标志。之后屡有修筑，特别是到了北宋天禧年间，因为范仲淹在西溪盐仓监任上的倡议而于公元1028年修筑完成的捍海堰（后人唤作“范公堤”）——堰成后受益显著。

同时，境内各盐场为了运盐方便，先后都沿“范公堤”一线而建。以“范公堤”为屏障的复堆河串通了境内盐场，因此，得名“串场河”。

而到了南宋建炎二年（公元1128年）黄河夺淮加快了堤东成陆速度之后，已经建成 100年的范公堤就像在苏北沿海地面上隆起的一道脊线，成为新的地理标志——分隔了堤西里下河平原和堤东滨海平原地区。

自建成之后，范公堤就已深深烙入地方文化中去，历代题咏范公堤者甚多。除“东台八景”之一“古堰清风”外，在其他沿线城镇的“八景”中也多有提炼。如泰州“海陵八景”之一“范堤烟柳”、盐城“伍佑八景”之一“范堤烟雨”、如东“掘港八景”之一“范堤归牧”。

至于里下河地区的治水更是印记在当地百姓的脑海中。由于地势低洼，“六面环水”的里下河地区对水利从来都非常重视。在尚未治县前，东台在清雍正元年（公元1723年）专设水利同知，专辖里下河水利。乾隆三十三年（公元1768年）治县时，知县是由时任同知转任，同时仍设专职闸官管水。“冬季兴修水利，夏季防洪排涝”已成当地治水习俗。历史上存在的“三车六桶”这种抗旱排涝工具一直到20世纪90年代初还在使用——1991年特大洪涝期间，堤西不少乡镇都有使用。

最后，还需说明的是，相较于沿海其他区域，这条纵贯线对于西溪乃至东台更加富有意味。除了范公堤的修筑正是范仲淹在西溪盐仓监任上所议之外，总览盐城乃至整个江苏沿海地区，唯有东台横跨了范公堤这条纵贯线，并在滨海平原和里下河平原两侧均有较大腹地。所以西溪的农业文明和盐业文明均未偏废，西溪的文化也更加丰富。

5 结语

长居里下与滨海之间，得盐粮之利，有潮涝之苦。作为海盐文化的起源地和一线盐场，东台西溪所积累的财富，更多地来自于先民对日常生活，甚至是对困苦生活的坚持和超越，对自然力量的依顺和对抗。

这片曾被盐卤泡就又被淡化的土地之上积攒出的文化，是朴素的、也是厚重的；是平实的，也是传奇的——一如这里曾经出产的盐。

所以，是海陆变迁，更是人的辛勤劳动铸就了西溪三千年的历史。海潮呼啸远去，这种“化卤成醴”的开创精神不曾改变。所以，西溪还在。

西溪始终在。“万灶青烟、千峰白雪”已潜入历史，“古堰清风”“西溪夜钓”定可再来。沧海桑田，随着西溪重振，西溪的文化将重新滋养这片土地，焕发新的青春、生长新的传奇。

（注：本文为《东台西溪文化旅游景区规划》文化专题研究内容）

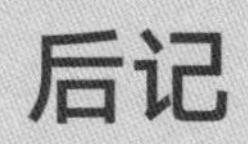

Afterword

转眼也从事风景园林专业工作30周年了。

工作中，除了做具体的项目，也多多少少会有一些感想，也据此撰写了一些论文，前后陆陆续续发表了二十余篇，包括《中国园林》11篇、《风景园林师》4篇。其中还有2篇获得了浙江省自然科学学术奖，虽说仅忝列三等，终究也算鼓励。再结合参加一些学术会议的交流发言和对一些具体项目的提炼，居然也能凑成一册，以做记录，并哂方家。

说是“凑”，也不真就是“凑”。通篇下来，还是有一条比较明确的主线，或者说是“问题意识”，那就是，什么是一个好的风景园林作品？以及怎样才能做一个好的风景园林作品？我是把风景园林规划设计的任务理解为在土地上安放人居梦想，进而构筑人地美好新关联的一项工作的。其中，在我们目光所及的每一片用地之中，因着来自人、地两方面以及各自内部的种种作用——就会有概括起来的“老”关联——一种或隐或现的“道”在其中——无论来自于亿万年的自然脉动，还是千百年的人类作息。

而所谓人地关系的美好“新”关联，就是在新的时空演变（发展）状态下，构筑在对人的新的期待的全面响应，和对土地自身脉络的深沉呼应中的一种双向美好联通。许多时候，风景园林规划设计的工作也就是感受与承接、激活与创造这其中的“‘生生不息’之道”和“‘美美与共’之美”。我把他们分别称之为“循地之道”和“成人之美”。两者彼此呼应：前者是方法——对应的是怎样才能做好一个作品；而后者是价值——对应的是什么是一个好的作品。

我是在2005年最终将上述思考明确表达为“循地之道、成人之美”，并将其用于指导我负责的规划设计项目，以及我所负责团队的规划设计管理的——设计本身也需要被管理，这样才能“知所行止、为所当为”，从而避免错位、不足或过度；并在一些学校的讲座中加以交流。2019年在北京的一次会议期间去孟兆祯先生家里拜访时，也斗胆在先生面前口舌，蒙先生鼓励，居然还以此为题题词送我。我现在把它也用在了本书的封面——或许这会是本书最有价值的地方。

感谢孟先生、我的研究生导师梁伊任先生等师长在学生时代对我的教育，以及通过题词对我的鼓励。事实上，这句话也可以说是孟先生经常教导我们的“人与天调而后天下之美生”和“景物因人成胜概”的集合。

感谢《中国园林》和《风景园林师》的前辈编审何济钦老师、钱慰慈老师和张国强老师的点拨，早期文章的发表确实帮助我在一定程度上形成了动点笔头的习惯。

感谢施莫东先生答应为本书做序。事实上，1992年我本科阶段杭州实习的首课教育就是施局长为我们上的。从那时开始，尤其是到杭州工作后，就一直能持续感受到他对西湖的热爱和对专业坚定且长远的思考，包括现在作为《中国大百科全书》第三版风景园林卷主编仍然保持的认真精研、老而弥坚的状态，令我敬仰。

感谢浙江省风景园林界胡理琛先生、张延惠先生、刘正官先生、林福昌先生、朱坚平先生等诸位前辈，他们在专业领域方面的坚守与开拓一直是我的榜样，其所致力维护的清正务实作风，更使包括我本人以及我的团队在内的浙江风景园林界均获益良多。我的两篇获奖论文也正是通过省风景园林学会推荐的，这也是对我极大的鼓励。

感谢我所工作的浙江省城乡规划设计研究院，“集聚精英、创造精品”的理念，以及在城乡建设领域内齐全的专业配置和长期积累的专业经验，使我随时可以找到专家请教。尤其要感谢院顾问总工胡京榕先生、技术副总监丁元先生多年来的指导。无论是前者的精深、还是后者的广博，都告诉我一个道理——凡事要讲道理，凡事都能讲道理。

感谢多年的合作伙伴和团队，主要是浙江省城乡规划设计研究院原风景园林研究二所（现风景园林与环境艺术分院、遗产保护与国土绿化所的前身）的同事。他们中有早期就开始合作的袁子瑶、张剑辉、施秋炜、陈清、谭侠、沈欣映、杨川、程红波、李鑫、孙霖；也有稍后一起合作的余伟、陈漫华、朱振通、李伟强、叶麟珀、彭梅莎等诸多伙伴，许多同时也是书中相关项目/文章的合作者——所幸我们一起的努力没有辜负脚下的山水和信任我们的人们。还要感谢我的一位年轻同事郭弘智，他为本书一些插图的编辑提供了帮助。

最后还要感谢我的父母和家人。他们对我生活的保障和情感上的支持，是我能够准确理解生活和全力投入工作的稳固支撑。其中我的爱人，杭州园林设计院股份有限公司的李永红女士，她同时还是我多篇论文的合作者，许多时候她也是我的一些项目的第一位批评者。本书也是她鼓励和督促的产物。

……

30年就这么过去了：似长又短——短得还似乎不值一提；时慢时快——快得又好像不知所以……但终究，所有的光阴都不会虚度。

“莫春者，春服既成，冠者五六人，童子六七人，浴乎沂，风乎舞雩，咏而归”——风景园林是一个可以和个人人生感受做很好结合的美丽专业和美丽事业。“自从己趣、各适其天”——相信我们也能像前面提及的各位美丽、健康的前辈那样，在继续做好自己美丽工作的同时，也享受自己不同阶段的人生。

图书在版编目（CIP）数据

循地之道　成人之美：风景园林规划设计知行录 = The Cognition and Practice on Planning and Design of Landscape Architecture / 赵鹏著．—北京：中国建筑工业出版社，2023.5

ISBN 978-7-112-28713-0

Ⅰ.①循… Ⅱ.①赵… Ⅲ.①园林—规划②园林设计 Ⅳ.①TU986

中国国家版本馆CIP数据核字（2023）第083751号

责任编辑：杜　洁　兰丽婷
责任校对：姜小莲
校对整理：李辰馨

循地之道　成人之美　风景园林规划设计知行录
The Cognition and Practice on Planning and Design of Landscape Architecture

赵　鹏　著

*

中国建筑工业出版社出版、发行（北京海淀三里河路9号）
各地新华书店、建筑书店经销
北京锋尚制版有限公司制版
北京富诚彩色印刷有限公司印刷

*

开本：880 毫米×1230 毫米　1/16　印张：16½　字数：346 千字
2023 年 4 月第一版　　2023 年 4 月第一次印刷
定价：**148.00** 元

ISBN 978-7-112-28713-0
（41158）